# 综采工作面人-机-环境系统安全研究

翟国栋　著

U0299434

煤炭工业出版社

·北　京·

## 内 容 提 要

综采工作面是一个复杂的人－机－环境系统，其运行情况直接关系到矿山生产的安全、经济、效率等问题。本书深入分析了目前综采工作面人－机－环境系统安全性问题，运用人－机－环境系统工程理论，探讨了提高系统安全性的技术措施。全书共8章，内容包括绪论、综采工作面人员安全行为研究、机器设备系统安全研究、环境安全性研究、改善工作面环境的引射除尘技术研究、人员安全培训研究、人－机－环境安全信息数据库系统设计等。

本书可供矿业工程、机械工程、人－机－环境工程等专业的师生和工程技术人员参考和使用。

# 前　言

综采工作面是一个复杂的人－机－环境系统，是矿山生产的重要组成部分，其运行情况直接关系到矿山生产的安全、经济、效率等问题。针对目前我国综采工作面所存在的安全问题，运用人－机－环境系统工程理论，对综采工作面系统中的人、机、环境三大要素及其对事故的影响进行分析，建立了评价指标体系，提出了相应的控制对策。研制了改善工作面环境的放煤口引射除尘器，完善了安全培训体系和安全评估模型，建立了综采工作面人－机－环境安全信息管理系统模型框架，对于提高煤矿安全技术水平具有理论上的学术价值和实际工程上的应用价值。具体技术研究工作如下：

根据各工种岗位职责要求，采用安全行为调查法调查矿山企业员工的安全行为，设计了安全行为规范调查问卷，在某矿进行调查，获得了各工种的典型安全行为。应用主成分分析法对现有安全行为的研究成果以及调研采集的数据进行归纳总结和查漏补缺，结合岗位操作规程要求，完善了煤矿从业人员的安全行为规范，包括"班前准备""接班""作业""交班"四个部分。以员工岗位安全行为的不同频率和危险性的大小，作为预防事故的分类培训依据，并拟定执行过程中的具体措施。以采煤机司机岗位为例，给出了安全行为规范和不安全行为调查的实施案例；应用层次分析法建立了综采工作面人员安全行为数据库和人员安全评价指标体系。

从综采工作面机器设备系统组成及特点出发，分析了煤矿机械安全现状和存在的主要问题，应用机械安全风险评价方法和事故树分析方法，重点对综采工作面采煤机系统、液压支架系统、刮板运输机系统的安全状况和安全事故进行分析，对设备的安全装置、安全操作规程、安全检测、安全管理等按照事故频率和危险性的大小进行归纳总结，形成综采工作面机器设备系统的安全评价指标体系，完善了提高综采工作面机器设备系统安全性的措施。

在全面分析综采工作面地质环境和作业环境的基础上，重点对瓦斯爆炸事故、顶板事故、煤尘爆炸等综采工作面环境安全事故进行分析，研究了综采工作面环境安全的影响要素，建立了综采工作面环境不安全状况数据库和环境评价指标体系，完善了提高综采工作面环境安全水平的技术措施。研制了安装于综放液压支架掩护梁放煤口处的引射除尘器，降低了工作面粉尘浓度。设计了用于优化引射除尘器结构参数的风速测试系统，可以测量引射除尘器的耗水量与吸风量，通过计算耗水量与吸风量的比值，从而得到引射除尘器的液气比，液气比越小，除尘器除尘效率越高。通过风速测试系统，可以对引射除尘器的引射筒的长度和直径、喷嘴安装位置、折流板的尺寸和形状等进行结构优化。喷嘴是引射除尘器中喷水装置的关键部件，它由外壳和旋芯组成。喷嘴的性能参数包括喷出水雾的雾化角、雾粒的大小、速度等。雾化角越大则与粉尘接触的机率越高，除尘效果越好。设计了不同结构参数的外壳与旋芯，测量了由不同结构参数的旋芯和外壳搭配的多个喷嘴在自由状态下喷出射流的雾化角，优化了喷嘴外壳和旋芯的结构参数。设计了用于测量引射除尘器微观参数的 PDA 系统，通过测量雾粒的速度、运动方向、雾粒大小、密度分布等，进一步优化引射除尘器各个相关参数，从而提高除尘效率。进行了综采工作面现场实验，对改善工作面环境效果明显。

在分析我国煤矿安全培训现状和存在的问题的基础上，结合人－机－环境系统安全性要求，比较深入地研究了培训体系建设的内涵，包括培训需求分析体系、教学计划策划体系、培训课程体系、培训管理体系和效果评价体系等模块。根据柯克帕特里克培训效果评估层次模型，建立了由反应层、学习层、行为层、效果层构成的煤矿安全培训评估模型，完善了安全培训质量评估指标体系，研究了煤矿安全培训教学方法，提出了提高煤矿安全培训质量的具体措施。

在综采工作面人－机－环境系统安全研究的基础上，建立了综采工作面人－机－环境安全信息管理系统模型框架，在软件功能结构上主要包括：人员安全信息管理、设备安全信息管理、环境安全信息管理、安全事故信息管理、安全培训信息管理、系统信息管理等功能模块。对各个子系统进行了软件结构分析和数据库设计，实现了部分功能。

　　本书的研究工作自始至终得到了中国矿业大学（北京）王家臣教授、董志峰教授、傅贵教授、严升明教授、国家安全生产监督管理总局肖同社处长、山西焦煤汾西矿业集团白晓生矿长、河北省安全生产监督管理局陈红祥处长、开滦集团禹州矿业公司许向东高级工程师的关心和指导，在此表示衷心的感谢。本书参阅了国内外许多学者的著作、论文和研究报告，特在此对其作者表示衷心的感谢。

　　本书的出版得到了中央高校基本科研业务费专项资金（项目编号：2014YJ02）、国家级大学生创新创业训练计划（项目编号：201611413086）、北京市大学生创新训练项目（项目编号：K201504024）、中国矿业大学（北京）教学改革项目（项目编号：j160403）、中国矿业大学（北京）重点资助教材建设项目（项目编号：j150402）的资助。

　　人－机－环境系统工程是一门新兴的交叉边缘学科，其研究的范围大至宏观系统的分析，小至微观对象的探讨，其涉及的理论及学科比较多，需要考虑的因素多，有待于深入探讨和研究。由于作者水平有限，书中难免有不妥和错误之处，敬请读者批评指正。

**作　者**

2017 年 8 月 30 日

# 目　　录

# 1 绪 论

## 1.1 我国煤炭资源生产与消费现状

能源结构是一次能源总量中各种能源的构成及其比例关系，通常由生产结构和消费结构组成。根据《中国统计年鉴2015》，有关我国1978—2014年能源生产、消费结构中煤炭、石油、天然气与水电、核电、风电占能源生产、消费总量的比重见表1-1。由表1-1可以看出，我国能源消费结构以煤炭为主，基本上占我国能源消费总量的60%以上，上下波动处于65%~78%之间。我国经济的高速发展产生了能源的巨大需求，促进了煤炭产量的大幅度提高。可以预见，在可预期的未来，中国煤炭产量将继续保持稳步增长的势头。据国家能源部门预测，我国能源生产消费中以煤炭为主的结构至少将保持20~30年的时间不会改变。在未来相当长的一个时期内，煤炭仍将是我国的主要能源之一。

表1-1 1978—2014年中国能源生产和消费总量及构成

| 年份 | 能源生产总量/万t标准煤 | 占能源生产总量的比重/% | | | | 能源消费总量/万t标准煤 | 占能源消费总量的比重/% | | | |
|---|---|---|---|---|---|---|---|---|---|---|
| | | 原煤 | 原油 | 天然气 | 水电、核电、风电 | | 煤炭 | 石油 | 天然气 | 水电、核电、风电 |
| 1978 | 62770 | 70.3 | 23.7 | 2.9 | 3.1 | 57144 | 70.7 | 22.7 | 3.2 | 3.4 |
| 1980 | 63735 | 69.4 | 23.8 | 3.0 | 3.8 | 60275 | 72.2 | 20.7 | 3.1 | 4.0 |
| 1985 | 85546 | 72.8 | 20.9 | 2.0 | 4.3 | 76682 | 75.8 | 17.1 | 2.2 | 4.9 |
| 1990 | 103922 | 74.2 | 19.0 | 2.0 | 4.8 | 98703 | 76.2 | 16.6 | 2.1 | 5.1 |
| 1991 | 104844 | 74.1 | 19.2 | 2.0 | 4.7 | 103783 | 76.1 | 17.1 | 2.0 | 4.8 |

表1-1（续）

| 年份 | 能源生产总量/万t标准煤 | 占能源生产总量的比重/% | | | | 能源消费总量/万t标准煤 | 占能源消费总量的比重/% | | | |
|---|---|---|---|---|---|---|---|---|---|---|
| | | 原煤 | 原油 | 天然气 | 水电、核电、风电 | | 煤炭 | 石油 | 天然气 | 水电、核电、风电 |
| 1992 | 107256 | 74.3 | 18.9 | 2.0 | 4.8 | 109170 | 75.7 | 17.5 | 1.9 | 4.9 |
| 1993 | 111059 | 74.0 | 18.7 | 2.0 | 5.3 | 115993 | 74.7 | 18.2 | 1.9 | 5.2 |
| 1994 | 118729 | 74.6 | 17.6 | 1.9 | 5.9 | 122737 | 75.0 | 17.4 | 1.9 | 5.7 |
| 1995 | 129034 | 75.3 | 16.6 | 1.9 | 6.2 | 131176 | 74.6 | 17.5 | 1.8 | 6.1 |
| 1996 | 133032 | 75.0 | 16.9 | 2.0 | 6.1 | 135192 | 73.5 | 18.7 | 1.8 | 6.0 |
| 1997 | 133460 | 74.3 | 17.2 | 2.1 | 6.5 | 135909 | 71.4 | 20.4 | 1.8 | 6.4 |
| 1998 | 129834 | 73.3 | 17.7 | 2.2 | 6.8 | 136184 | 70.9 | 20.8 | 1.8 | 6.5 |
| 1999 | 131935 | 73.9 | 17.3 | 2.5 | 6.3 | 140569 | 70.6 | 21.5 | 2.0 | 5.9 |
| 2000 | 135048 | 73.2 | 17.2 | 2.7 | 6.9 | 145531 | 69.2 | 22.2 | 2.2 | 6.4 |
| 2001 | 143875 | 73.0 | 16.3 | 2.8 | 7.9 | 150406 | 68.3 | 21.8 | 2.4 | 7.5 |
| 2002 | 150656 | 73.5 | 15.8 | 2.9 | 7.8 | 159431 | 68.0 | 22.3 | 2.4 | 7.3 |
| 2003 | 171906 | 76.2 | 14.1 | 2.7 | 7.0 | 183792 | 69.8 | 21.2 | 2.5 | 6.5 |
| 2004 | 196648 | 77.1 | 12.8 | 2.8 | 7.3 | 213456 | 69.5 | 21.3 | 2.5 | 6.7 |
| 2005 | 216219 | 77.6 | 12.0 | 3.0 | 7.4 | 235997 | 70.8 | 19.8 | 2.6 | 6.8 |
| 2006 | 232167 | 77.8 | 11.3 | 3.4 | 7.5 | 258676 | 71.1 | 19.3 | 2.9 | 6.7 |
| 2007 | 247279 | 77.7 | 10.8 | 3.7 | 7.8 | 280508 | 71.1 | 18.8 | 3.3 | 6.8 |
| 2008 | 260552 | 76.8 | 10.5 | 4.1 | 8.6 | 291448 | 70.3 | 18.3 | 3.7 | 7.7 |
| 2009 | 274618 | 77.3 | 9.9 | 4.1 | 8.7 | 306647 | 70.4 | 17.9 | 3.9 | 7.8 |
| 2010 | 312125 | 76.2 | 9.3 | 4.1 | 10.4 | 360648 | 69.2 | 17.4 | 4.0 | 9.4 |
| 2011 | 340178 | 77.8 | 8.5 | 4.1 | 9.6 | 387043 | 70.2 | 16.8 | 4.6 | 8.4 |
| 2012 | 351041 | 76.2 | 8.5 | 4.1 | 11.2 | 402138 | 68.5 | 17.0 | 4.8 | 9.7 |
| 2013 | 358784 | 75.4 | 8.4 | 4.1 | 11.8 | 416913 | 67.4 | 17.1 | 5.3 | 10.2 |
| 2014 | 360000 | 73.2 | 8.4 | 4.8 | 13.7 | 426000 | 66.0 | 17.1 | 5.7 | 11.2 |

## 1.2　煤炭安全生产形势

"安全第一、预防为主、综合治理"是我国政府一贯的安全生产方针。为落实安全生产方针，国家各行业、各部门都进行了大量的研究、实践工作，企业安全生产形势得到了很大改善。然而，我国整体安全管理和安全装备与世界先进国家仍有较大差距，工矿企业安全生产形势仍十分严峻。

《煤矿安全生产"十三五"规划》指出：强化煤矿安全法治化建设，完善监管监察体制，创新工作机制，提升执法效能，加快淘汰落后和不安全产能，推动安全科技进步，开展煤矿安全质量标准化和隐患排查治理体系建设，提升重大灾害治理和应急救援能力。2015 年与 2010 年相比，煤炭产量由 32.4 亿 t 上升至 37.5 亿 t；死亡事故及人数分别减少 1051 起、1835 人，分别下降 74.9% 和 75.4%，年死亡人数首次降至 600 人以内；重大事故及死亡人数分别减少 13 起、209 人，分别下降 72.2% 和 71.1%；煤矿百万吨死亡率由 0.749 下降至 0.162，下降 78.4%。"十三五"期间煤矿安全工作取得明显成效，事故总量和死亡人数逐年下降，但是从总体上看，"以人为本、安全发展"的理念在一些地方和部门、企业没有真正树立。部分煤矿企业安全生产主体责任落实不到位、管理技术手段落后、现场管理混乱、安全技术措施不到位、隐患不能及时整改、企业安全诚信缺失，对事故的总结大多停留在事后总结教训的被动管理模式上。煤矿重大安全事故的发生，给人民生命财产造成重大损失，严重影响了煤炭行业形象。

煤矿安全生产关系职工生命安全，关系煤炭工业健康发展，关系社会稳定大局。尽管国家各个部门对煤矿安全工作非常重视，各个煤矿企业也做了大量工作，但由于我国煤矿地质条件复杂，安全技术及安全管理还存在许多缺陷，致使煤矿的伤亡事故和职业危害仍然相当严重。因此，提高煤矿安全生产水平，保障广大煤矿职工的人身安全，是煤炭工业可持续发展的迫切任务之一。

## 1.3　人－机－环境系统工程

### 1.3.1　人－机－环境系统工程

人们为了达到某种预定目标，需要组成一个既有人，又有机，还有环境的复杂系统，即人－机－环境系统，其中"人"，是指作为工作主体的人，如操作人员、管理人员、决策人员；"机"，是指人所控制的一切对象的总称，如采煤机、输送机、液压支架等；"环境"，是指人、机共处的特殊条件，如断层、落差等地质环境和温度、粉尘等工作环境。人、机、环境是人－机－环境系统中的三大要素，通过三者之间信息传递、处理，控制和反馈，形成一个相互作用、相互依赖的超巨系统，如图 1－1 所示。

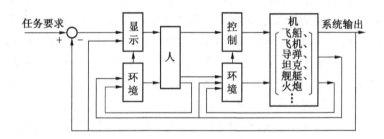

图 1－1　人－机－环境系统示意图

人－机－环境系统工程理论是在著名科学家钱学森亲自倡导下，于 20 世纪 80 年代初在我国诞生的一门综合性学科。人－机－环境系统工程是运用系统科学理论和方法，正确处理人、机器、环境三大要素的关系，深入研究人－机－环境系统最优组合的一门学科。人－机－环境系统工程主要研究人、机器、环境特性以及人机关系、人环关系、机环关系、人－机－环境系统总体性能，如图 1－2 所示。目前以下 6 个方面为研究热点：①人的特征。研究人的能力、特点和局限性，如人体的尺寸、活动范围、不同部位的施力特性，以及应急情况下的心理、反应及可靠性等；②环境对人的影响。研究各种环境因素下人的耐力变化、环境因素与人的能力的关系，寻求控制、改善、抵御不良环境的方法；③人机功能分配。根据人－机关系的长处与短处，合理分配二者的任务，使之相互协调、搭配补充，优化整个系统的效能；④工作负荷。研究人在不同条件下的工作负荷，以合理分配人机功能；⑤人机界面。研究如何使显示装置和控制装置更好地符合人的使用要求和能力特点，确保整个系统的安全和高效；⑥人－机－环境评价。检验机器是否符合人的特性和要求，以确保系统质量。

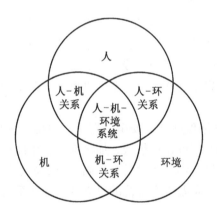

图1－2  人－机－环境系统工程研究范畴示意图

### 1.3.2  人－机－环境系统的安全性

人－机－环境系统的安全性着重研究人、机器设备和环境的安全问题以及人、机器设备和环境三者与系统整体的安全关系。在安全事故的分析中，事故的发生是由于人的不安全行为、物的不安全状态和环境的不安全条件直接引起的，是三者共同作用的结果。而发生事故的更深层次的原因就是管理失效。这种分析方法全面反映了系统安全性的现象和本质。

### 1.3.3　综采工作面人－机－环境系统的安全性

综采工作面是复杂的人－机－环境系统，其中"人"是综采工作面所有的职工，包括采煤机司机、液压支架工、采区队长等；"机"指综采工作面所有机器设备，主要包括采煤机、输送机、液压支架等；"环境"指综采工作面特殊的环境，包括地质环境和作业环境。综采工作面人－机－环境系统具有以下特征：

（1）煤炭职工素质低、安全意识差。综采工作面存在大量农民轮换工、合同工和临时工，他们文化素质低、安全意识差，为生产而不顾安全的做法大量存在。人因事故在煤矿事故中占很大比例。

（2）环境条件恶劣、多变。综采工作面作业对象是地下自然资源，即使在科学日益发展的今天，人们对矿体的认识仍然是模糊的。矿井环境条件恶劣，表现在井下工作空间封闭而狭窄，视觉环境差，矿尘与噪声以及空气污染严重。瓦斯爆炸、水灾、冒顶、火灾、煤尘爆炸等煤矿恶性事故也给矿工的精神造成压抑和恐惧。

（3）机械化程度低、安全装置差。目前，我国煤矿应用现代化机械采煤的程度还比较低，加之综采工作面设备的作业环境恶劣，设备数量、型号和种类多，调度组织及维修管理困难，所以综采工作面设备及生产系统的可靠性比地面系统低，设备的故障率高。

## 1.4　国内外研究现状

近几年来，世界先进采煤国家，在煤矿事故的预防、控制与管理等方面投入了大量的资金和人力，取得了一批可行的方法。如澳大利亚、日本等国在研究人的思维情绪对事故直接影响方面取得一批成果；英国的国际煤矿咨询有限公司开发了一套 BeSafe 系统，用于评价和预防因人失误导致的事故；英国煤矿采用人机工程学的方法对煤矿机械进行评价，并作为煤矿机械购买和改造的重要依据。

人-机-环境系统工程在航空、航天、船舶领域的研究，主要以"人"为核心，将人-机-环境系统中的"人"作为设计的主体，人-机-环境系统及其各个分系统的设计均应按照人机工程的理论和方法，围绕着更好地发挥人的能力、提高机器设备性能的原则进行。许多研究集中在人体测量、个体防护装备、工效学评价、工作能力和工作负荷测量等方面。如沈翔、袁修干、温文彪、王立刚等人，针对如何在有限的空间内合理地布置各种设备，以利于人的操作，使人机系统工效达到最高的问题，用计算机建立人-机系统模型，开发了人-机-环境系统模拟软件MMES。彭敏俊、王兆祥、杜泽、孙中宁从系统工程的观点出发，全面研究核动力装置中人-机-环境三者之间相互关系的规律，在核动力装置总体设计中充分考虑人机匹配、改善人机关系。

人-机-环境系统工程在交通领域的研究，主要集中在如何通过控制人为因素来保障安全问题。如陈伟炯提出了船舶营运安全的"人-机-环境-管理"理论假说，便于全面查找事故原因和预防措施。张伯敏以人-机-环境系统工程方法为依据，构筑完善的人机协调系统来最大限度地规避风险，确保铁路运输安全。

人-机-环境系统工程在煤炭领域的研究，主要集中在综采工作面可靠性、井下运输、井下环境等方面。如王卫军等在综采工作面系统结构分析的基础上，综合应用系统可靠性、工效学和灰色系统理论，建立了综采工作面人-机-环境系统可靠性分析的数学模型，得出了系统可用度的计算公式，并对平顶山煤矿22081工作面进行了可靠性计算和分析。朱川曲在综采工作面系统结构分析的基础上，综合应用神经网络和系统可靠性理论，研究了综采工作面人-机-环境系统可靠性，着重探讨了人和环境系统可靠性分析及预测方法。周前祥、彭世济、张达贤从人-机-环境系统工程理论出发，提出故障趋势的概念，构造了故障类随机模糊状态的隶属度函数，在此基础上建立了工程系统随机模糊可靠度计算模型，最后以某矿井工作面生产系统为实例进行对比研究，效果较好。杜文、景国勋、石琴谱认为井下运输系统是一个环节复杂、影响安全因素甚多的庞大系统，造成事故的原因是人、机、环境的缺陷，根据人－机－环境系统工程的理论，对井下运输系统的安全性进行了初步的探讨。丁克舫、张洪斌、罗喜文在人－机－环境系统中研究了人、机与环境因素三者之间的关系，分析煤矿井下高温环境因素对人产生的影响，得出人体生理所需的适宜温度及人体的可耐限度，并用公式说明环境因素对生产系统产生的影响。乔石等对煤矿井下人员的不安全行为、煤矿工人工效等进行了分析研究。杨玉中等在煤矿中开展了人体、情绪等人因事故的研究。李学诚等分析了采煤人机系统的安全性、煤矿井下环境的影响以及综采工作面人－机－环境系统可靠性等。景国勋等运用系统工程等技术，把煤矿井下人－机－环境系统看作一个整体，建立了人－机－环境系统安全性模型。同济大学丁玉兰博士后结合开滦集团的煤矿现状，以矿井的人－机－环境系统为研究对象，对矿井的本质安全进行了系统的评价和研究。

在其他领域，赵朝义、丁玉兰从人－机－环境系统工程的角度分析了热环境对人的影响，分析了不同热环境的评价方法，讨论了各种评价指数的适用范围以及炎热环境和寒冷环境下的预防保护措施，为室内空调系统的设计评价、保护服装的选用、工作时间的安排提供了有用的工具。

## 1.5　问题的提出及其意义

根据国内外研究文献，人－机－环境系统工程应用于煤矿人－机－环境可靠性和安全性方面的研究国内早已起步，但人－机－环境系统工程应用于综采工作面人－机－环境安全性还有待进一步探讨、研究和应用。在综采工作面人－机－环境安全评价指标体系方面，由于应用范围和角度不同，评价指标体系的层次、内容均有较大差异。本书试图在相关研究的基础上，进一步规范综采工作面人－机－环境安全评价指标体系，增强进行安全评价的科学性和实用性。

本书以综采工作面人－机－环境系统为研究对象，应用人－机－环境系统工程理论和方法，对影响安全生产的人－机－环境主要因素进行分析，探求人－机－环境对安全事故的影响规律，制定综采工作面人－机－环境系统安全优化方案，建立综采工作面人－机－环境系统安全评价模型及安全评价指标体系，建立人－机－环境安全信息数据库，帮助企业找出影响系统安全的薄弱环节并给出相应改进措施，从而为构建煤矿安全系统提供技术依据。

本书的研究成果对煤矿企业消除安全事故隐患，预防和控制事故发生，规范和完善各项安全管理生产制度，改善煤矿的安全状况具有重要的理论价值和工程应用价值。

## 1.6 主要研究内容、研究方法和技术路线

### 1.6.1 研究目标

运用人－机－环境系统工程理论和方法，探求人、机、环境等因素对安全事故的影响规律，建立综采工作面人－机－环境安全评价模型以及安全评价指标体系，建立人－机－环境安全信息数据库，研制改善工作面环境的引射除尘器，努力提高煤矿安全培训质量，帮助企业找出影响系统安全的薄弱环节及相应改进措施，从而为提高煤矿安全技术水平提供技术依据。

### 1.6.2 主要研究内容

1. 综采工作面人员安全研究

在国家有关的安全要求和煤矿企业已有的安全行为规范的基础上，结合各工种岗位职责要求以及国内外对矿山企业员工的安全行为规范与不安全行为的研究成果，采用安全行为调查法进行调查，设计安全行为规范调查问卷，在某矿进行调查，获得了各工种典型的安全行为。应用主成分分析法对现有行为规范和不安全行为的研究成果进行归纳总结和查漏补缺，结合岗位操作规程

要求制定出煤矿从业人员安全行为规范，包括"班前准备""接班""作业""交班"，开展行为规范化和标准化工作。以采煤机司机岗位为例，给出了安全行为规范和不安全行为调查的实施案例。以员工岗位安全行为的不同频率和危险性的大小，作为预防事故的分类培训依据，并拟定执行过程中的具体措施。以采煤机司机为例，根据层次分析法的要求，建立综采工作面人员安全评价指标体系。

2. 综采工作面机器设备安全研究

通过分析综采工作面机器设备系统的组成及特点，研究综采工作面机器设备对安全事故的影响规律，在机器设备系统的安全装置、安全操作规程、安全检测、安全管理等方面按照事故频率和危险性的大小进行归纳总结，形成综采工作面机器设备系统安全的指标体系，探求提高综采设备安全化的途径。

3. 综采工作面环境安全研究

综采工作面环境分为地质环境和作业环境两部分。环境安全性分析，包括工作面采高、煤层倾角、工作面结构、煤层结构、断层、工作面顶板、工作面底板、煤层自燃状况、瓦斯与煤尘爆炸性、工作面涌水量、瓦斯涌出量、矿井微气候状况的影响分析、矿井空气污染的影响分析、矿井照明与色彩的影响分析、矿井噪声与振动的影响分析、矿井作业空间的影响分析、矿井环境的改善与控制等，建立综采工作面环境安全数据库和评价指标体系，完善综采工作面环境改善与控制措施。

4. 研制改善工作面环境的引射除尘器

从引射除尘技术的机理出发，研制安装于综合放顶煤液压支架掩护梁放煤口处的引射除尘器。利用风速测试系统，对引射除尘器引射筒的长度和直径、喷嘴安装位置、折流板的尺寸和形状等进行结构优化。设计了12种外壳与14种旋芯搭配组合，依据雾化角来优化外壳和旋芯的结构参数。利用三维粒子动态分析仪（PDA）系统测量雾粒的速度、运动方向、雾粒大小、密度分布等，进一步优化引射除尘器各个相关参数，从而提高除尘效率。

进行综采工作面现场实验并进一步优化引射除尘器，提高降尘效率，有效降低工作面的粉尘浓度。

5. 综采工作面安全培训研究

深入研究煤矿安全培训体系建设的内涵，包括培训需求分析体系、教学计划策划体系、培训课程体系、培训管理体系、效果评价体系等模块。根据柯克帕特里克培训效果评估层次，建立基于反应层、学习层、行为层、效果层的煤矿安全培训评估模型和安全培训质量评估指标体系，研究安全培训教学方法和课程设置，提出提高安全培训质量的具体措施。

6. 人 – 机 – 环境安全信息管理系统模型框架

在综采工作面人 – 机 – 环境系统安全研究的基础上，建立综采工作面人 – 机 – 环境安全信息管理系统模型框架，在软件功能结构上主要包括人员安全信息管理、设备安全信息管理、环境安全信息管理、生产安全事故信息管理、安全培训信息管理、系统信息管理等功能模块。对各个子系统进行软件结构设计和数据库设计，实现软件部分功能。

### 1. 6. 3　研究方法

1. 调查分析法

采用查阅图书期刊、实地考察调研、专家咨询、利用互联网搜集资料等手段，搜集煤矿事故案例、事故记录、有关工艺和设备、相关法律法规标准等资料，进行工艺、设备、环境状况调查，作为研究的基础。

2. 理论研究法

在广泛收集国内外人 – 机 – 环境系统安全研究文献的基础上，运用统计学、运筹学等数学工具和事故统计分析的方法，完善人 – 机 – 环境系统安全评价指标体系，建立人 – 机 – 环境系统安全信息数据库，构建人 – 机 – 环境系统安全信息框架体系。

3. 利用数理统计软件作数据处理、建模和分析

应用目前流行的多元统计分析软件 SPSS、数理计算软件

Matlab 对收集到的数据和所建立的数学模型进行数据处理和分析。

4. 归纳与分析的方法

大量收集文献和数据，进行广泛的调查，运用归纳的方法总结国内外综采工作面人－机－环境安全相关研究成果，提出具有一定应用价值的人－机－环境安全评价和控制策略。

5. 实验方法

通过设计实验室实验系统，优化用于改善工作面环境的引射除尘器的各项参数，提高除尘效率。通过现场试验，进一步优化结构，提高实际工程应用的效率。

## 1.6.4　技术路线

在对国内外相关文献进行综述和评析的基础上，通过煤矿事故的深入分析，探讨人－机－环境相互作用的机理以及提高系统安全性的手段与方法，提出综采工作面人－机－环境系统安全评价模型和指标体系，设计人－机－环境系统安全信息框架。研究实施的技术路线如图 1－3 所示。

（1）通过访问专家，依据有关煤矿安全法规、设计规范和专家知识，并综合应用国内外在煤矿重大安全事故的先进科研成果等，研究人、机器设备、作业环境对安全事故的影响规律，归纳整理综采工作面人－机－环境系统安全指标体系和提高安全水平的控制措施。

（2）针对工作面粉尘浓度对工作面人员健康与安全生产的影响，研制用于改善工作面环境的引射除尘器。进行宏观参数和微观参数的优化实验，并进行现场实验。

（3）针对人因安全事故的突出比例，研究安全培训体系和评估模型，建立安全培训质量评估指标体系，努力提高煤矿安全培训水平。

（4）设计并实现综采工作面人－机－环境系统安全原型系统。

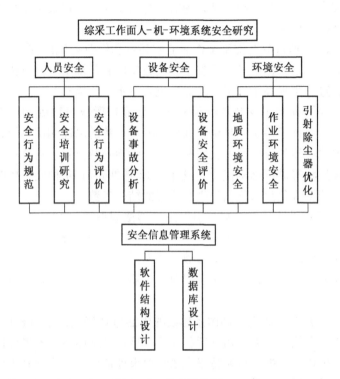

图 1-3 技术路线图

## 1.7 主要创新点

（1）结合各工种岗位职责要求，采用安全行为调查法调查矿山企业员工的安全行为与不安全行为，应用主成分分析法对现有行为规范和不安全行为的研究成果进行归纳总结和查漏补缺，完善了煤矿从业人员安全行为规范。按照员工岗位结合行为的不同频率和危险性的大小，建立综采工作面人员安全行为数据库和安全行为评价指标体系。

（2）利用机械安全评价方法和事故树分析方法，在综采工作面机器设备安全事故分析的基础上，对综采工作面机器设备系统安全隐患进行归纳总结，建立了综采工作面机器设备系统安全评估指标体系。

（3）通过分析综采工作面地质环境和作业环境的安全事故，建立了综采工作面环境不安全状况数据库和环境安全评价指标体系，进一步提高了综采工作面环境安全水平的措施。

（4）研制了安装于综放液压支架掩护梁放煤口处的引射除尘器。设计了用于测量引射除尘器宏观参数的风速测试系统，对引射除尘器的引射筒的长度和直径、喷嘴安装位置、折流板的尺寸和形状等进行结构优化。设计了12种外壳与14种旋芯搭配组合，依据雾化角来优化外壳和旋芯的结构参数。

（5）设计了用于测量引射除尘器微观参数的 PDA 系统，通过测量雾粒的速度、运动方向、雾粒大小、密度分布等，进一步优化引射除尘器各个相关参数，从而提高除尘效率。完成了综采工作面现场实验，结果表明引射除尘器对改善工作面环境效果明显。

（6）深入研究培训体系建设的内涵包括培训需求分析体系、教学计划策划体系、培训课程体系、培训管理体系、效果评价体系等模块。根据柯克帕特里克培训效果评估层次，建立基于反应层、学习层、行为层、效果层的煤矿安全培训评估模型和安全培训质量评估指标体系，研究了安全培训教学方法和课程设置，提出了提高安全培训质量的具体措施。

## 1.8　本章小结

通过分析煤炭资源在我国历年能源生产与消费中的结构，可以预测我国以煤炭为主的能源生产与消费格局在一定时期内将继续保持。通过分析我国历年煤矿生产安全事故伤亡统计情况，可以看出我国煤矿安全生产形势不容乐观。在国内外相关领域研究的基础上，确定了综采工作面人－机－环境系统安全研究课题，明确了主要的研究内容、研究方法和技术路线。

# 2 综采工作面人员安全行为研究

综采工作面人员安全行为包括员工的安全行为和组织的安全行为。综采工作面员工包括基层工作人员、一般管理人员、安全监察人员、相关领导等。综采工作面组织包括各级安全系统管理组织机构、有关的现场管理制度、安全检查、作业现场管理、安全管理奖惩制度等。本章在国家有关的安全要求和煤矿企业已有的安全行为规范的基础上，结合国内外对员工的安全行为规范与不安全行为的研究成果，应用行为科学的研究方法，如观察法、访谈法、问卷法、专家评价法、实验法、统计分析方法等，对员工岗位进行工作分析，对现有行为规范和不安全行为的研究成果进行归纳总结和查漏补缺，按照员工岗位依据行为的不同频率和危险性的大小，建立安全行为评价指标体系。

## 2.1　行为科学相关领域的研究进展

### 2.1.1　员工安全行为规范研究现状

傅贵提出了基于行为科学的组织安全管理方案模型，他认为员工的安全习惯一旦形成、安全意识得到提高，在相当长的时间乃至工作生涯期间内不会消失，他还认为行为观察法虽然简单，但对"建立安全生产长效机制"的作用是巨大的。潞安矿业集团王庄矿与太原理工大学等有关单位制定了矿山从业人员安全行为规范及配套文件，主要内容分为两个部分：第一部分为井下各工种行为规范通用部分，包括职工日常行为规范、班前会、入井、井下乘车、大巷及采区巷道行走、工作面巷道行走、接班、职工安全培训行为规范8个部分；第二部分为各工种岗位行为规范，包括采煤、掘进、开拓、机电、"一通三防"、运输等 119 个工种岗位的安全行为规范。相关规范制定后，得到了潞安矿业集团有关单位的高度评价，在潞安矿业集团 8 个生产矿井得到推广，并被长治市周边 30 多家煤矿所采用，取得了良好的管理效果，获得了大量的试验资料。随后出版了《煤矿工人安全行为规范》《煤炭企业岗位标准化作业标准》《煤矿安全行为规范研究与实践》《煤矿工人安全行为规范》等几部著作，开发了煤矿安全行为规范管理软件，并在山西、陕西、内蒙古主要国有重点煤矿加以应用。黄海芳等根据安全管理的要求，对多年来的安全管理经验认真归纳和总结，并结合各个工种的职务特点和对操作人员在履行职务上应具备的各种条件（包括生理和心理条件），参照《岗位操作规程》《安全生产岗位责任制》及《煤炭企业岗位标准化作业标准》，对相关岗位标准进行了修订、补充、完善，形成《人员岗位规范手册》。《人员岗位规范手册》包含所有岗位，分为矿领导、经营办、生产办、综合办、工会、生产调度中心、机电信息中心、安监处、综采队、连采队、转运队、机电队、通风队、生产服务队、汽车队等 15 部分 133 个岗位，并且针对岗位名称、任务描述、安全要点、职责范围和岗位标准等内容做了详细说明和介绍，便于人员使用。

### 2.1.2　员工不安全行为研究现状

在国内，关于人的不安全行为分析及研究，主要包括心理和生理两方面。陈红等提出了"行为栅栏"的概念及其研究方法。行为栅栏的研究将行为控制要素及关系纳入统一的逻辑分析框架，形成系统的具有互为支撑特征的体系，并将不安全行为的控制与"成本－收益分析"模型联系起来，是一种在不安全行为控制方面的新尝试，也为有效遏制煤矿重大事故多发、频发的局势提供了新的解决途径。曹庆仁等通过对大量煤矿管理者和员工的问卷调查，分析了管理者和员工在不安全行为控制问题上的认识特征及其差异，得出了管理者和员工在对安全的认识上存在许多不同点的结论，从而给安全管理的研究提供了新的思路。刘嘉莹等学者对矿工的工作倦怠进行了测评，在对工作倦怠问卷进行改进的基础上，设计出符合矿工职业特点的工作倦怠问卷，并将模糊综合测评的方法运用到对矿工的工作倦怠测量之中，得出矿工总体倦怠程度趋于中度倦怠的结论，这一结论说明矿工的生理和心理因素是人出现不安全行为的重要原因。黄海芳结合上湾煤矿实际，首先按照综采工作面、连采工作面、带式输送机、机电检修、辅助运输、"一通三防"、外委施工爆破、其他综合类等 8 部分对该煤矿生产作业中人员可能出现的主要不安全行为进行了梳理划分；其次，按照不安全行为发生的行为痕迹、频次、风险等级等重要指标进行了划分。通过梳理归类，在生产作业中上湾煤矿人员可能会发生的主要不安全行为共 206 种，其中综采工作面 48 种、连采工作面 39 种、带式输送机运转 17 种、机电检修 31 种、辅助运输 22 种、"一通三防" 16 种、外委施工爆破 15 种、其他综合类 18 种。将以上不安全行为按照风险等级划分，可能产生重大风险的不安全行为有 79 种，中等风险的不安全行为有 81 种，一般风险的不安全行为有 43 种，低风险的不安全行为有 3 种。按照行为痕迹划分，有痕的不安全行为 20 种，无痕的不安全行为 186 种。按照频次划分，高频次的不安全行为 38 种，低频次的不安全行为 168 种。张江石应用由不安全行为纠正（BBS）和安全氛围诊断（SCS）两部分组成的"行为科学预防事故方法"，初步建立了 223 项煤矿可观察不安全行为数据库。

### 2.1.3　组织安全行为规范研究现状

吴志刚通过分析国内外煤矿安全生产及其管理现状，研究了国内外安全生产管理经验和对策，结合徐州矿务集团有限公司（简称徐矿集团）安全生产管理实践，确立了创建本质安全型理论体系和本质安全型煤矿的内容体系，建立了包括本质安全组织机构保障制度、本质安全目标管理制度、风险管理制度等在内的 14 类安全管理制度，同时按照专业划分对采煤、掘进、机电、运输、通防和防治水等建立了管理标准和管理措施，制订了包括人员不安全行为控制在内的全面系统的考核评分标准。常文杰根据对开滦集团钱家营煤矿的统计分析，提出典型煤矿现场常规安全管理模式，包括常规安全管理制度、各级领导职能部门和单位岗位人员安全生产责任制、安全办公会议制度、安全目标管理制度、安全质量标准化管理制度、职能部门与管理人员的岗位责任制、班前会制度、干部碰头会议制度、公司管技人员干部值班制度、安全技术审批制度、安全教育与培训制度、事故隐患排查与整改制度、安全监督检查制度、入井人员管理制度、安全举报制度等安全生产规章制度及相关规定等。

组织的不安全行为具体表现：过分强调经济效益，忽视安全投入；在技术和设计上没有完善的安全措施；对员工的教育和培训不够；劳动组织不合理；对安全生产工作缺乏检查和指导；没有建立和完善安全生产的规章制度；对事故隐患没有及时进行整改。

## 2.2    安全行为规范和不安全行为的调查研究

### 2.2.1    安全行为规范调查的目的

安全行为调查是安全管理程序中一个很重要的组成部分。通过安全行为调查，可以规范各岗位安全行为规范的基本要求、工作范围及工作任务，识别和记录危害因素及其起因，实现对现有安全规范的补充和完善，从而提高人员安全水平。

### 2.2.2    安全行为规范调查的步骤

（1）确定安全行为规范调查的内容。调查组织和员工安全行为规范的完整性和重要性，调查不安全行为和组织管理有待加强的地方。

（2）确定安全行为规范调查的范围。按照机构和部门职能的层次划分，调查组织安全行为规范和有待加强的地方。按照人员岗位的分类和职责，调查员工安全行为规范和不安全行为。

（3）编写调查问卷。根据国家有关的安全要求和矿山企业已有的安全行为规范，综合文献对行为规范和不安全行为的研究成果，编写调查问卷。

（4）进行调查。精心选取样本进行调查。

（5）调查数据的分析。运用数理统计的方法，对分析调查所得到的数据进行筛选，确定调查问卷的效度和信度，确定安全行为规范各项重要性和关联性。

（6）完善安全行为规范。根据调查数据的处理结果，对安全行为规范进行完善，并给出安全行为规范的执行建议。

### 2.2.3　安全行为规范调查的范围

1. 员工安全行为规范和不安全行为调查范围

根据相关文献和调研，员工安全行为规范和不安全行为调查按照岗位层次分类，包括决策层、管理层和执行层。决策层指矿领导班子，管理层包括各业务部门和科（队）长，执行层包括班组长和岗位操作工人。岗位操作工人按照专业进行分类，包括采煤、掘进、开拓、机电、"一通三防"、运输7个专业123个工种。每个专业工种的调查根据工作程序设计调查问卷，分为班前准备、接班、作业、交班等4个环节，见表2-1。

表2-1　岗位操作工人安全行为规范调查的工作程序表

| 调查内容 | 一级因素 | 二级因素 |
|---|---|---|
| 安全行为规范 | 班前准备 | 日常行为规范 |
| | | 班前工作会 |
| | | 入井与井下乘车 |
| | | 工作面巷道行走 |
| | 接班 | 进入接班地点 |
| | | 现场检查 |
| | | 接班问题解决 |
| | | 接班手续 |

表 2 - 1（续）

| 调查内容 | 一级因素 | 二级因素 |
|---|---|---|
| 安全行为规范 | 作业 | 作业前准备 |
| | | 作业 |
| | | 停止作业 |
| | | 作业问题处理 |
| | 交班 | 交班前准备 |
| | | 交代情况 |
| | | 交班问题处理 |
| | | 交班手续 |

2. 组织安全行为规范调查范围

组织安全行为规范按照组织机构单位和职能进行，一般分为矿领导、经营办、生产办、综合办、工会、生产调度中心、机电信息中心、安监处、综采队、连采队、转运队、机电队、通风队、生产服务队、汽车队等部门。每个部门的安全行为规范包括常规安全管理制度、各级领导职能部门和单位岗位人员安全生产责任制。常规安全管理制度包括公司安全组织机构保障制度、各级领导职能部门和单位岗位人员安全生产责任制、安全办公会议制度、安全目标管理制度、安全质量标准化管理制度、风险管理制度、职能部门与管理人员的岗位责任制、班前会制度、干部碰头会议制度、公司管技人员干部值班制度及相关规定。各级领导职能部门和单位岗位人员安全生产责任制包括安全办公会议制度、安全质量标准化管理制度、职能部门与管理人员的岗位责任制、公司管技人员值班制度等。

### 2.2.4 安全行为规范调查问卷的设计

安全行为规范调查问卷的设计要综合矿山已有的行为规范，参考全国煤矿事故案例分析、相关的文献等，应用工作任

务分析法分解工作任务和工序，在借鉴国外权威量表和咨询相
关专家编制问卷草稿的基础上，进行研究问卷的试测。针对试
测所反馈的意见对问卷内容进行修改，使其更适用于获取实际
数据。

### 2.2.5　安全行为规范调查的统计分析

在各个领域的科学研究中往往需要对反映事物的多个变量进
行大量的观测，收集大量数据以便进行分析和寻找规律。多变量
大样本无疑为科学研究提供丰富的信息，但也在一定程度上增加
了数据采集的工作量，更重要的是增加了问题分析的复杂性。由
于各变量间存在一定的相关关系，因此有可能用较少的综合指标
分别综合存在于各变量中的各类信息，而综合指标之间彼此不相
关，即各指标代表的信息不重叠。综合指标不仅保留了原始变量
的主要信息，同时又比原始变量有某些更优越的性质，使得在
研究复杂问题时更容易抓住主要矛盾。这样就可以对综合指标
根据专业知识和指标所反映的独特含义给予命名。这种方法称
为因子分析，代表各类信息的综合指标就称为因子或主成分。
根据因子分析的结果可以知道，综合指标应该比原始变量少，
但包含的信息应该相对损失较少。如果综合指标中各分量之间
彼此不相关，形成特殊形式的因子分析，称为主成分分析。主
成分分析是利用降维的思想，将原来的多个变量组合成个数较
少的几个彼此无关的新变量，用这些新变量来反映原来变量的
内在联系。

进行主成分分析主要步骤如下：

样本观测数据矩阵：

$$X = \begin{pmatrix} x_{11} & x_{12} & \cdots & x_{1p} \\ x_{21} & x_{22} & \cdots & x_{2p} \\ \vdots & \vdots & & \vdots \\ x_{n1} & x_{n2} & \cdots & x_{np} \end{pmatrix} \qquad (2-1)$$

第一步：对原始数据进行标准化处理，其中，$\bar{x}_j = \dfrac{1}{n}\sum\limits_{i=1}^{n} x_{ij}$。

$$x_{ij}^* = \frac{x_{ij} - \overline{x}_j}{\sqrt{\mathrm{var}(x_j)}} \quad (i = 1, 2, \cdots, n; j = 1, 2, \cdots, p) \quad (2-2)$$

$$\mathrm{var}(x_j) = \frac{1}{n-1} \sum_{i=1}^{n} (x_{ij} - \overline{x}_j)^2 \quad (j = 1, 2, \cdots, p)$$

第二步：计算样本相关系数矩阵。

$$R = \begin{pmatrix} r_{11} & r_{12} & \cdots & r_{1p} \\ r_{21} & r_{22} & \cdots & r_{2p} \\ \vdots & \vdots & & \vdots \\ r_{p1} & r_{p2} & \cdots & r_{pp} \end{pmatrix} \quad (2-3)$$

为方便，假定原始数据标准化后仍用 $X$ 表示，则经标准化处理后的数据的相关系数：

$$r_{ij} = \frac{1}{n-1} \sum_{t=1}^{n} x_{ti} x_{tj} \quad (i, j = 1, 2, \cdots, p) \quad (2-4)$$

第三步：求相关系数矩阵 $R$ 的特征值（$\lambda_1$，$\lambda_2$，$\cdots$，$\lambda_p$）和相应的特征向量 $a_i = (a_{i1}, a_{i2}, \cdots, a_{ip})$，$i = 1, 2, \cdots, p$。

第四步：选择重要的主成分，并写出主成分表达式。

主成分分析可以得到 $p$ 个主成分，但是，由于各个主成分的方差是递减的，包含的信息量也是递减的，所以实际分析时，一般不是选取 $p$ 个主成分，而是根据各个主成分累计贡献率的大小选取前 $k$ 个主成分。贡献率就是指某个主成分的方差占全部方差的比重，实际也就是某个特征值占全部特征值合计的比重。贡献率的计算式：

$$\text{贡献率} = \frac{\lambda_i}{\sum_{i=1}^{p} \lambda_i} \times 100\% \quad (2-5)$$

贡献率越大，说明该主成分所包含的原始变量的信息越强。主成分个数 $k$ 的选取，主要根据主成分的累积贡献率来决定，即一般要求累计贡献率达到 85% 以上，这样才能保证综合变量包括原始变量的绝大多数信息。

第五步：计算主成分得分。

根据标准化的原始数据，按照各个样品，分别代入主成分表达式，就可以得到各主成分下的各个样品的新数据，即为主成分得分。具体形式如下：

$$\begin{pmatrix} F_{11} & F_{12} & \cdots & F_{1k} \\ F_{21} & F_{22} & \cdots & F_{2k} \\ \vdots & \vdots & & \vdots \\ F_{n1} & F_{n2} & \cdots & F_{nk} \end{pmatrix} \quad (2-6)$$

第六步：依据主成分得分，则可以进行进一步的统计分析。

其中，常见的应用有主成分回归，变量子集合的选择，综合评价等。

以上主成分分析步骤可以应用 SPSS 统计分析软件进行。

## 2.3 员工和组织安全行为规范和不安全行为的结构

根据安全行为调查的结果，综合煤矿安全要求和文献研究成果，按照专业和岗位将安全行为规范和不安全行为统一组织，包括岗位、工作进程、安全行为规范、不安全行为风险级别、不安全行为频次、不安全行为痕迹等项目。行为频次指行为可能发生的次数，分为高频和低频。行为痕迹的主要区别是不安全行为发生后是否可追溯，分为有痕和无痕。不安全行为风险级别分为可能产生重大风险、中等风险、一般风险、低风险的不安全行为。表格结构见表 2-6。

## 2.4 安全行为规范和不安全行为调查的实施案例

以采煤机司机岗位为例。

### 2.4.1 采煤机司机安全行为规范调查
（1）采煤机司机班前安全行为规范调查表见表 2-2。
（2）采煤机司机作业行为规范调查表见表 2-3。
（3）作业安全行为调查表见表 2-4、表 2-5。

## 表2-2　班前安全行为规范调查表

说明：以下列出了与您的工作相关的一些条目，请结合您的实际情况或您对该问题的看法选择与您最相符的选项填在题前的括号内；

请填写您的个人情况：年龄＿＿＿＿＿；现岗位＿＿＿＿＿；工龄＿＿＿＿＿；婚姻状况＿＿＿＿＿；用工形式＿＿＿＿＿；教育程度＿＿＿＿＿

完全不符合（1分）；比较不符合（2分）；一般（3分）；比较符合（4分）；完全符合（5分）

一、安全行为规范

1. 职工日常行为规范

（1）每个职工要做好上班前的充分准备，要吃饱饭，睡好觉，保持精力充沛，有良好的工作状态。

（2）职工要根据自己的身体家庭生活情况做好上班和休息安排计划，做到工作、生活规律有序。

（3）从走出家门就应该牢固树立"安全第一"的思想。每经过一个铁路或公路口都要"一停、二看、三通过"，宁停三分，不抢一秒。

（4）携带工具行走时，要注意力集中，避免碰伤人或碰触电灯线。

⋮

2. 班前会

（1）下井人员都必须参加班前会。

（2）下井人员要认真听取上班的作业情况及本班安全注意事项，明确自己所分配的工作，了解互联保对象。

⋮

3. 入井

（1）听从井口把钩工指挥，罐笼停稳后按顺序进入。不得在罐笼内拥挤打闹。在罐笼内呈站立姿势，所带物品不得伸出罐笼外。

（2）罐笼满员后，不得强行进入罐笼。

⋮

二、你认为的其他不安全行为

### 表2-3　采煤机司机作业行为规范调查表

一、采煤机司机安全行为规范

（1）采煤机司机要准时进入接班地点，对工作面地质情况和设备情况进行认真检查，不符合要求的要及时整改处理。

（2）检查期间，不准进入刮板输送机禁区检查。

（3）司机进入岗位后，检查采煤机各部位喷雾、油位时，要闭锁刮板输送机，人员不得进入煤墙。

……

（16）下班前，要对采煤机各部位进行仔细检查，及时处理遗留问题，做好交班准备

二、不安全行为

调查要求：

（1）你认为在哪些地方还有待于完善，请写出需要修改或完善之处。

（2）你认为其他工种或者管理人员需要做好哪些方面的工作，以便于你更好的履行职责，请写明具体工种岗位

### 表2-4　作业安全行为调查表一

安全行为调查表一（管理人员）

采煤专业

调查岗位_____；调查日期_____；部门覆盖区域_____；调查时间_____；岗位_____

一、该岗位可能的影响安全的行为

（1）不顾周围环境，工具伤及他人。

（2）规程编制不严密。

二、已经采取的措施

（1）安全教育。

（2）相互监督。

三、建议采取的措施

加强现场检查和考核力度

表2-5　作业安全行为调查表二

安全行为调查表二（岗位操作工人）

---

端头工；清煤工

---

岗位部门＿＿＿＿＿＿＿＿；覆盖区域＿＿＿＿＿＿＿＿；调查时间＿＿＿＿＿＿＿＿

---

一、该岗位哪些因素可能影响您安全行为规范的执行
（1）他人作业不规范。
（2）违章。
（3）对突发事件缺乏预见。
二、单位和本人已经采取的措施
（1）强化监督管理和教育。
（2）加强培训。
三、建议单位和他人采取的措施
（1）继续加强管理和教育。
（2）加强现场管理

---

## 2.4.2　采煤机司机安全行为调查分析

选取某矿为调查对象，共发放问卷60份。调查问卷回收后，适时加以编码，建立有关量表资料的原始数据库，并随后进行无效问卷剔除工作和调查项目的统计分析。量表问卷的效度分析主要包括内容效度和结构效度的分析。在内容效度上，采用的量表主要来自于其他学者早期在相关方面研究形成的量表和作者的研究成果，并根据早期形成的量表进行了相应的修正，有些在国外的同类研究中已经得到了广泛的应用，这些都可以保障该量表具有较好的内容效度与结构效度。同时，对调查问卷进行了信度检验。信度是指问卷的稳定性和可靠性，它代表了反复测量结果的接近程度。采煤机司机安全行为规范和不安全行为统计见表2-6。

表2-6　采煤机司机安全行为规范和不安全行为统计表（节选）

| 序号 | 岗位 | 安全规范一级因素 | 安全规范二级因素 | 不安全行为 | 风险及后果描述 | 事故类型 | 行为痕迹 | | 发生频率 | | 风险等级 | | | | |
|---|---|---|---|---|---|---|---|---|---|---|---|---|---|---|---|
| | | | | | | | 有痕迹 | 无痕迹 | 高 | 低 | 低风险 | 一般风险 | 中等风险 | 重大风险 | 特别重大风险 |
| 1 | 采煤机司机 | 作业前准备 | 对工作面地质情况和设备情况进行认真检查 | 未检查截齿 | 煤机割煤、装煤效果差，影响生产 | 机电事故 | | ● | ● | | | ● | | | |
| 2 | 采煤机司机 | 作业前准备 | 对工作面地质情况和设备情况进行认真检查 | 未检查齿轨、行走轮、滑靴、刮板输送机销子 | 煤机行走受阻或损坏设备 | 机电事故 | | ● | ● | | | ● | | | |
| 3 | 采煤机司机 | 作业前准备 | 对工作面地质情况和设备情况进行认真检查 | 未检查隔离开关、离合器、牵引手把、调高手柄顶顶销子 | 煤机动作不能准确执行 | 机电事故 | | ● | ● | | | ● | | | |
| 4 | 采煤机司机 | 作业前准备 | 对工作面地质情况和设备情况进行认真检查 | 未检查煤机拖曳电缆及各种管线 | 卡子内部的电缆、供水管路、信号线损坏引发事故 | 机电事故 | | ● | ● | | | ● | | | |
| 5 | 采煤机司机 | 作业前准备 | 对工作面地质情况和设备情况进行认真检查 | 未检查喷雾完好 | 降尘效果差，煤尘积聚飞扬，煤尘爆炸 | 瓦斯事故 | | ● | ● | | | | | ● | |

表2-6（续）

| 序号 | 岗位 | 安全规范一级因素 | 安全规范二级因素 | 安全规范三级因素 | 不安全行为 | 风险及后果描述 | 事故类型 | 行为痕迹 | | 发生频率 | | 风险等级 | | | | |
|---|---|---|---|---|---|---|---|---|---|---|---|---|---|---|---|---|
| | | | | | | | | 有痕 | 无痕 | 高 | 低 | 低风险 | 一般风险 | 中等风险 | 重大风险 | 特别重大风险 |
| 6 | 采煤机司机 | 作业 | 作业前准备 | 检查完毕后,根据班组长开工命令,发出开机信号,滚筒后5 m范围内有人工作时,严禁开机 | 煤机运行时滚筒上下5 m范围内有人 | 煤机滚筒割伤人员 | 机电事故 | | ● | | ● | | | | ● | |
| 7 | 采煤机司机 | 作业 | 作业前准备 | 检查完毕后,根据班组长开工命令,发出开机信号,滚筒后5 m范围内有人工作时,严禁开机 | 刮板运输机未运行开启煤机 | 刮板运输机负荷超载,无法运行 | | ● | | ● | | | ● | | | |
| 8 | 采煤机司机 | 作业 | 作业前准备 | 对工作面地质情况和设备情况进行认真检查 | 进水阀未开启到位 | 喷雾,煤机冷却效果差,引发煤尘爆炸或损坏设备 | 其他事故 | ● | | ● | | | | | ● | |
| 9 | 采煤机司机 | 作业 | 作业前准备 | 对工作面地质情况和设备情况进行认真检查 | 岩石厚度超过0.5 m且硬度系数$f>4$时采用采煤机直接截割的 | 损坏煤机 | 机电事故 | ● | | ● | | | | | ● | |

表 2 - 6（续）

| 序号 | 岗位 | 安全规范一级因素 | 安全规范二级因素 | 不安全行为 | 风险及后果描述 | 事故类型 | 行为痕迹 | | 发生频率 | | 风险等级 | | | | |
|---|---|---|---|---|---|---|---|---|---|---|---|---|---|---|---|
|  |  |  |  |  |  |  | 有痕 | 无痕 | 高 | 低 | 低风险 | 一般风险 | 中等风险 | 重大风险 | 特别重大风险 |
| 10 | 采煤机司机 | 作业 | 割煤 | 未发开机信号开机 |  |  |  | ● | ● |  |  |  |  | ● |  |
| 11 | 采煤机司机 | 作业 | 割煤 | 煤机前部滚筒欲支架 |  |  | ● |  | ● |  |  | ● |  |  |  |
| 12 | 采煤机司机 | 作业 | 割煤 | 煤机后部滚筒割底板 |  |  | ● |  | ● |  |  | ● |  |  |  |
| 13 | 采煤机司机 | 作业 | 割煤 | 煤机运行中,底部卡呼石 |  |  | ● |  | ● |  |  | ● |  |  |  |
| 14 | 采煤机司机 | 作业 | 割煤 | 煤机拖电缆装置滑出电缆槽 |  |  | ● |  | ● |  |  | ● |  |  |  |
| 15 | 采煤机司机 | 作业 | 割煤 | 过棚段未改柱,进刀安全距离不够 |  |  | ● |  | ● |  |  | ● |  |  |  |

表2-6（续）

| 序号 | 岗位 | 安全规范一级因素 | 安全规范二级因素 | 安全规范三级因素（不安全行为） | 风险及后果描述 | 事故类型 | 行为痕迹 | | 发生频率 | | 风险等级 | | | | |
|---|---|---|---|---|---|---|---|---|---|---|---|---|---|---|---|
| | | | | | | | 有痕 | 无痕 | 高 | 低 | 低风险 | 一般风险 | 中等风险 | 重大风险 | 特别重大风险 |
| 16 | 采煤机司机 | 割煤 | | 用采煤机牵拉、顶推、托吊其他设备、物件的 | | | ● | | ● | | | | ● | | |
| 17 | 采煤机司机 | 割煤 | | 停机后离开采煤机不打开隔离开关 | | | ● | | ● | | | ● | | | |
| 18 | 采煤机司机 | 割煤 | | 停机后离开采煤机后不切断电源 | | | ● | | ● | | | ● | | | |
| 19 | 采煤机司机 | 割煤 | | 停机后离开采煤机后不拉开离合器 | | | ● | | ● | | | ● | | | |
| 20 | 采煤机司机 | 割煤 | | 煤机停放位置不当 | | | ● | | ● | | | ● | | | |

## 2.5 安全行为的综合评价研究——以采煤机司机为例

### 2.5.1 评价程序

安全评价程序如图 2－1 所示。第一阶段为准备阶段，主要是明确对象和范围、资料收集，进行初步的分析和危险因素识别；第二阶段为实施评价阶段，对安全情况进行类比调查，运用合适的评价方法进行定性或定量分析，提出安全对策措施；第三阶段为评价总结阶段，主要是综合分析第二阶段所得到的各种资料、数据，提出结论与建议。

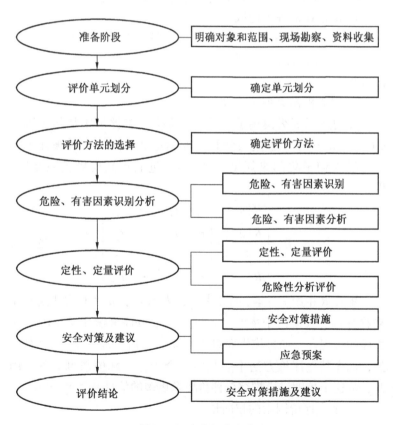

图 2－1 安全评价程序

### 2.5.2 模糊综合评判法

由于影响事物的因素有很多，而且人们对事物的评价带有模糊性，习惯用模糊语言来描述被评价事物，如用"很好、较好、好、一般、较坏、很坏"来描述被评事物的某一因素的好坏程度。模糊综合评价法是应用模糊变换原理和最大隶属度原则，考虑与被评价事物相关的各个因素，对其所做的综合评价。

根据具体的待评价系统，确定影响系统安全的影响因素，并在此基础上建立系统评价的指标集。

$P$ 个评价指标，$u = \{u_1, u_2, \cdots, u_p\}$。

1. 确定评语等级论域

$v = \{v_1, v_2, \cdots, v_p\}$，即等级集合。每一个等级可对应一个模糊子集，可以用诸如"稍好、好、中等、稍差、差"等的模糊语言来表示。

2. 建立模糊关系矩阵 $R$

在构造了等级模糊子集后，要逐个对被评事物从每个因素 $u_i (i = 1, 2, \cdots, p)$ 上进行量化，即确定从单因素来看被评事物对等级模糊子集的隶属度（$R \mid u_i$），进而得到模糊关系矩阵，即

$$R = \begin{pmatrix} R \mid u_1 \\ R \mid u_2 \\ \vdots \\ R \mid u_p \end{pmatrix} = \begin{pmatrix} r_{11} & r_{12} & \cdots & r_{1m} \\ r_{21} & r_{22} & \cdots & r_{2m} \\ \vdots & \vdots & & \vdots \\ r_{p1} & r_{p2} & \cdots & r_{pm} \end{pmatrix} \qquad (2-7)$$

矩阵 $R$ 中第 $i$ 行第 $j$ 列元素 $r_{ij}$，表示某个被评事物从因素 $u_i$ 来看对 $v_j$ 等级模糊子集的隶属度。一个被评事物在某个因素 $u_i$ 方面的表现，是通过模糊向量（$R \mid u_i \mid = (r_{i1}, r_{i2}, \cdots, r_{im})$）来刻画的，而在其他评价方法中多是由一个指标实际值来刻画的，因此，从这个角度讲模糊综合评价要求更多的信息。

3. 确定评价因素的权向量

在模糊综合评价中，确定评价因素的权向量：$A = (a_1,$

$a_2, \cdots, a_p)$。权向量 $A$ 中的元素 $a_i$ 本质上是因素 $u_i$ 对模糊子集
{对被评事物重要的因素} 的隶属度。本书采用层次分析法来确
定评价指标间的相对重要性次序。从而确定权系数，并且在合成
之前归一化。即

$$\sum_{i=1}^{p} a_i = 1, a_i \geq 0 \quad (i = 1, 2, \cdots, p) \qquad (2-8)$$

4. 合成模糊综合评价结果向量

利用合适的算子将 $A$ 与各被评事物的 $R$ 进行合成，得到各
被评事物的模糊综合评价结果向量 $B$。即

$$A \cdot R = (a_1, a_2, \cdots, a_p) \begin{pmatrix} r_{11} & r_{12} & \cdots & r_{1m} \\ r_{21} & r_{22} & \cdots & r_{2m} \\ \vdots & \vdots & & \vdots \\ r_{p1} & r_{p2} & \cdots & r_{pm} \end{pmatrix} = (b_1, b_2, \cdots, b_m) = B$$

$$(2-9)$$

其中 $b_1$ 是由 $A$ 与 $R$ 的第 $j$ 列运算得到的，它表示被评事物从整
体上看对 $v_j$ 等级模糊子集的隶属程度。

5. 对模糊综合评价结果向量进行分析

模糊综合评价的结果能提供的信息比其他方法丰富。对模糊
评价结果的分析常用的方法有最大隶属度原则、最大接近度原
则、加权平均原则、模糊向量单值化等。最常用的方法是最大隶
属度原则，即评价结果向量中隶属度最大的值对应的状态评判等
级就是最终评价等级。

### 2.5.3 确定权重的层次分析法

求权重是综合评价的关键。层次分析法是一种行之有效的确
定权系数的有效方法，其主要特征是将决策者的经验判断加以量
化处理，按照思维、心理的规律把决策过程模型化、数量化，在
目标因素结构复杂且缺乏必要数据的情况下使用更为方便，因而
在实践中得到广泛应用。特别适宜于那些难以用定量指标进行分
析的复杂问题。层次分析法确定权重的步骤：根据问题的性质和
所要达到的总目标，将问题分解成不同的组成因素，按照因素间

的相互关系及隶属关系，将因素按不同层次聚集组合，形成一个多层分析结构模型。

### 1. 建立递阶层次结构

层次分析法的递阶层次结构一般由目标层（最高层）、准则层（中间层）、措施层（最低层）组成。首先明确决策的目标，作为目标层（最高层）的元素，这个目标是唯一的。然后找出影响目标实现的准则，作为目标层下的准则层（中间层）因素，根据准则之间关系将准则元素分成不同的层次和组，同一层元素形成若干组，同组元素性质相近，一般隶属于同一个上一层元素，不同组元素性质不同，一般隶属于不同的上一层元素。最后分析为了解决决策问题有哪些最终解决方案，并将它们作为措施层因素，放在递阶层次结构的最下面（最低层）。明确各个层次的因素及其位置，并将它们之间的关系用连线连接起来，就构成了递阶层次结构。递阶层次结构中的层次数一般不受限制。每一层次中各元素所支配的元素一般不要超过 9 个。这是因为支配的元素过多会给两两比较判断带来困难。

### 2. 构造判断矩阵

利用集值统计法处理综合各专家意见的权重或评价值。

在以往的评价中，如果有多位专家参与评价，在综合各专家意见的过程中一般采用简单的算术平均，这种综合无法反映各专家评判水平的差异，显然不够合理。在以层次分析法为基础的综合评价中，安全指标不仅包含许多不确定性、随机性和模糊性，即使是同一评价者，在不同时间对同一对象的评价也可能给出不同的结果，不同的评价者其结果可能相差更大。而且有些估算往往只能得到一个大致的范围，"大约是多少""在多少到多少之间"。区间数与人们判断的模糊性和不确定性是相符的，能较大程度上弥补确定性数值的缺陷。为了处理这种不确定的评价问题，可用集值统计原理。

经典统计在每次试验中得到相空间的一个确定的点，然后利用这个点提供的信息去估计或推断总体的某些特性；而集值统计得到相空间的一个（普通或模糊的）子集，这个子集可以是一个区间值或一个数对，集值统计是指每次试验的结果是相空间的一个可变子集，用这些子集对点的覆盖频率估计模糊集在这一点的隶属度。当把这种思想应用于评估中时，每一个专家对某个指标所做的评判可看作是一次试验，试验的结果是一个子集（区间）。这个子集相当于一个评价者对某一指标 $C$ 的一个区间估计，即对于可以概算的指标，则为一个概算范围，对于定性分析的指标，则为一个估价的等级区间。若有 $n$ 个评价者，便可得到 $n$ 个区间值，从而形成一个集值统计序列 $U$。

构造判断矩阵的方法是采取对因子进行两两比较，从而建立比较矩阵。即每次取两个因子 $x_i$ 和 $x_j$，以 $a_{ij}$ 表示 $x_i$ 和 $x_j$ 对 $Z$ 的影响大小之比，全部比较结果用矩阵 $A = (a_{ij})_{n \times n}$ 表示，称 $A$ 为 $Z \sim X$ 之间的成对比较判断矩阵（简称判断矩阵）。每一个具有向下隶属关系的元素（被称作准则）作为判断矩阵的第一个元素（位于左上角），隶属于它的各个元素依次排列在其后的第一行和第一列。

填写判断矩阵的方法：根据专家意见，针对判断矩阵的准则，其中两个元素两两比较哪个重要，重要多少，对重要性程度按 $1 \sim 9$ 赋值。当相互比较因素的重要性能够用具有实际意义的比值说明时，判断矩阵相应元素的值则取这个比值。

设填写后的判断矩阵为 $A = (a_{ij})_{n \times n}$，判断矩阵具有如下性质：

（1）$a_{ij} > 0$；

（2）$a_{ji} = 1/a_{ji}$；

（3）$a_{ii} = 1$。

根据上面性质，判断矩阵具有对称性，因此在填写时，通常先填写 $a_{ii} = 1$ 部分，然后再判断及填写上三角形或下三角形的 $n(n-1)/2$ 个元素就可以了。

因此在实际中要求判断矩阵满足大体上的一致性，需进行一致性检验。只有通过检验，才能说明判断矩阵在逻辑上是合理的，才能继续对结果进行分析。

一致性检验的步骤如下：

第一步，计算一致性指标 $C. I.$（consistency index）。

$$C. I. = \frac{\lambda_{\max} - n}{n - 1} \qquad (2 - 10)$$

第二步，查表 $2 - 7$ 确定相应的平均随机一致性指标 $R. I.$（random index）。

表 $2 - 7$    同阶平均随机一致性指标 $R. I.$

| 矩阵阶数 | 1 | 2 | 3 | 4 | 5 | 6 | 7 | 8 |
|---|---|---|---|---|---|---|---|---|
| $R. I.$ | 0 | 0 | 0.58 | 0.90 | 1.12 | 1024 | 1.32 | 1.41 |
| 矩阵阶数 | 9 | 10 | 11 | 12 | 13 | 14 | 15 | |
| $R. I.$ | 1.45 | 1.49 | 1.52 | 1.54 | 1.56 | 1.58 | 1.59 | |

据判断矩阵不同阶数见表 $2 - 7$，得到平均随机一致性指标 $R. I.$。例如，对于 5 阶的判断矩阵，查表 $2 - 7$ 得到 $R. I. = 1.12$。

第三步，计算一致性比例 $C. R.$（consistency ratio）并进行判断。

$$C. R. = \frac{C. I.}{R. I.} \qquad (2 - 11)$$

当 $C. R. < 0.1$ 时，认为判断矩阵的一致性是可以接受的；当 $C. R. > 0.1$ 时，认为判断矩阵不符合一致性要求，需要对该判断矩阵进行重新修正。

3. 层次单排序与检验

单排序是指每一个判断矩阵各因素针对其准则的相对权重。判断矩阵 $A$ 对应于最大特征值 $\lambda_{\max}$ 的特征向量 $W$，经归一化后即为同一层次相应因素对于上一层次某因素相对重要性的排序权值，即层次单排序的过程。

为进行判断矩阵的一致性检验，需计算一致性指标 $C. I. =$

$\dfrac{\lambda_{\max} - n}{n - 1}$，以及平均随机一致性指标 $R.I.$。它是用随机的方法构造 500 个样本矩阵，构造方法是随机用标度以及它们的倒数填满样本矩阵的上三角各项，主对角线各项数值始终为 1，对应转置位置项则采用上述对应位置随机数的倒数。然后对各个随机样本矩阵计算其一致性指标值，对这些 $C.I.$ 值平均即得到平均随机一致性指标 $R.I.$ 值。当随机一致性比率 $C.R. = \dfrac{C.I.}{R.I.} < 0.10$ 时，认为层次分析排序的结果有满意的一致性，即权系数的分配是合理的；否则，要调整判断矩阵的元素取值，重新分配权系数的值。

4. 层次总排序与检验

总排序是指每一个判断矩阵各因素针对目标层（最上层）的相对权重。这一权重的计算采用由上而下的方法，逐层合成。设上一层次（$A$ 层）包含 $A_1$，…，$A_m$ 共 $m$ 个因素，它们的层次总排序权重分别为 $a_1$，…，$a_m$。又设其后的下一层次（$B$ 层）包含 $n$ 个因素 $B_1$，…，$B_n$，它们关于 $A_j$ 的层次单排序权重分别为 $b_{1j}$，…，$b_{nj}$（当 $B_i$ 与 $A_j$ 无关联时，$b_{ij} = 0$）。现求 $B$ 层中各因素关于总目标的权重，即求 $B$ 层各因素的层次总排序权重 $b_1$，…，$b_n$，按 $b_i = \displaystyle\sum_{j=1}^{m} b_{ij} a_j$ 计算。

设 $B$ 层中与 $A_j$ 相关的因素的成对比较判断矩阵在单排序中经一致性检验，求得单排序一致性指标为 $C.I.(j)(j = 1, \cdots, m)$，相应的平均随机一致性指标为 $R.I.(j)$［$C.I.(j)$、$R.I.(j)$ 已在层次单排序时求得］，则 $B$ 层总排序随机一致性比例：

$$C.R. = \frac{\displaystyle\sum_{j=1}^{m} C.I.(j) a_j}{\displaystyle\sum_{j=1}^{m} R.I.(j) a_j} \qquad (2-12)$$

当 $C.R. < 0.10$ 时，认为层次总排序结果具有较满意的一致性并接受该分析结果。

用 Mathematica 软件计算判断矩阵 $S$ 的最大特征根 $\lambda_{max}$，及其对应的特征向量 $A$，此特征向量就是各评价因素的重要性排序，也即是权系数的分配。

### 2.5.4 安全行为评价层次结构

以采煤机司机为例，建立安全行为评价层次结构见表 2-8。

表 2-8 安全行为评价层次结构（以采煤机司机为例）

| 目 标 | 一级因素 | 二级因素 |
|---|---|---|
| 采煤机司机安全行为 | 技术素质 | 工龄和工作经验、业务熟练度<br>持证率<br>文化水平<br>个性：气质、性格、血型<br>对损坏的设备修复难<br>环境影响<br>行走困难技术操作<br>对环境的恐惧压力<br>职工对安全的认知及目标<br>个人自救 |
| | 安全知识、技能与安全意识 | 工龄、培训时间、抽查考核合格比例/安全生产知识掌握情况<br>接受岗前安全培训情况<br>危险源识别能力<br>自觉遵守规章制度状况<br>岗位安全操作规程执行情况<br>员工对安全的重视程度<br>自觉使用安全防护用品情况<br>自觉寻求安全的意识 |
| | 生理状况 | 年龄、身体健康情况<br>身体疲劳程度<br>劳动强度 |
| | 员工安全操作情况 | "三违"率<br>违反劳动纪律情况<br>违章操作情况<br>违章指挥情况 |

表2-8（续）

| 目 标 | 一级因素 | 二 级 因 素 |
|---|---|---|
| 采煤机司机<br>安全行为 | 心理状态 | 情绪因素<br>麻痹心理<br>冒险心理<br>工作满意度<br>情绪特征<br>工作压力 |
| | 安全期望 | 员工对安全的重视程度<br>自觉寻求安全的意识 |
| | 应急能力 | 发现隐患及时处理能力<br>发现隐患上报状况<br>应急决策指挥能力 |
| | 班前准备 | 职工日常行为规范 |
| | | 班前会 |
| | | 入井与井下乘车 |
| | | 大巷、采区巷道及工作面巷道行走 |
| | 接班 | 进入接班地点询问上班情况 |
| | | 现场检查 |
| | | 问题处理 |
| | | 履行交接班手续 |
| | 作业 | 作业前准备 |
| | | 作业 |
| | | 停止作业 |
| | | 特殊问题处理 |
| | 交班 | 交班前准备 |
| | | 交代情况与现场检查 |
| | | 问题处理 |
| | | 履行交班手续 |

## 2.6　本章小结

在国家有关的安全要求和煤矿企业已有的安全行为规范的基础上，结合各工种岗位职责要求以及国内外对矿山企业员工的安全行为规范与不安全行为的研究成果，采用安全行为调查法进行调查，设计了安全行为规范调查问卷，在某矿进行调查，获得了各工种典型的安全行为，应用主成分分析法对现有行为规范和不安全行为的研究成果进行归纳总结和查漏补缺，结合岗位操作规程制定出了煤矿从业人员安全行为规范，包括"班前准备""接班""作业""交班"，开展行为规范化和标准化工作。以采煤机司机岗位为例，给出了安全行为规范和不安全行为调查的实施案例。以员工岗位行为的不同频率和危险性的大小，作为预防事故的分类培训依据，并拟定执行过程中的具体措施。以采煤机司机为例，根据层次分析法的要求，建立了综采工作面人员安全评价指标体系。

# 3 综采工作面机器设备系统安全研究

综采工作面机械设备系统是由采煤机、液压支架、刮板输送机、液压泵站、转载机、通风设施等设备组成。煤矿机器设备在井下特殊的环境下，容易产生各种安全隐患，如果没有及时发现，就有可能导致恶性事故的发生。煤矿机器设备的安全状况关系到人－机－环境系统安全性，必须采取措施保障机器设备的安全性。

## 3.1 我国煤矿机械安全存在的主要问题

1. 煤矿机械安全状况不容乐观

由于长期以来煤矿的安全投入严重不足，部分设备为了生产和节约费用夜以继日地满负荷甚至超负荷生产，导致不能及时检修和维护，特别是不少设备到了设计寿命仍在超期服役，带来很多安全隐患。

2. 煤矿机械安全标准急需完善和严格执行

煤矿机械产品的品种达数百种，现有的标准仅涉及了煤矿机械产品的一部分，远不能满足煤矿安全要求，煤矿机械安全标准急需完善和严格执行。

3. 煤矿机械安全检测技术需要完善

由于煤矿机械设备及其工作环境的复杂性和大量不可预测的偶发事件的存在，煤矿机械安全检测技术仍然需要不断完善和进步，特别是在灵敏度和可靠性方面。

4. 从业人员素质不高

煤矿机械的从业人员的组成复杂，知识水平参差不齐。人员素质不高造成的操作不当引起的生产安全事故时有发生。从业人员缺乏安全意识和安全技能差是引发事故的主要原因，例如不了解机械设备存在的危险，不按安全规范操作，缺乏自我保护和处理意外情况的能力等。

## 3.2　机械安全风险评价程序

机械安全风险评价按机械的限制、危险识别、风险要素的确定、风险评定、风险减小的步骤依次进行。其评价程序如图 3 - 1 所示。

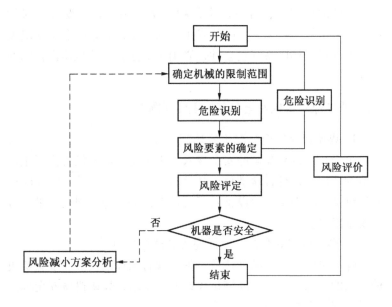

图 3 - 1　安全风险评价的流程图

### 3.2.1　确定机械的限制范围

机械的限制是在有限范围内为一定的目的服务的。为了使风险评价尽可能准确反映机械安全的实际情况，必须掌握能说明问题的可靠数据和资料。风险评价的信息应包括有关的法规、标准和规程；机器的各种限制规范；产品图样和说明机器特性的其他有关资料；所有与操作者有关的操作模式和机器的使用说明；有关的材料（机械组成材料、加工材料、燃料等）的详细说明；机器的运输、安装、试验、生产、拆卸和处置的说明；机器可能的故障数据、易损零部件；定量评价数据，包括零部件、系统和人的介入可靠性数据；关于机器预定运行环境的信息（如温度、污染情况、电磁场等）。

（1）预定的使用限制是指机械用来完成某种作业或是提供的某种服务，包括作用对象的形态、物理化学特性、几何尺寸，使用的物料或燃料的数量和性质，以及机械的工作原理、使用方法和操作程序等。使用限制还包括人员的情况，即操作者和可预见的与机器有关的其他人员的体能限制、文化专业等。

（2）时间限制是指机械或某些组件的"寿命"、推荐的维修保养时间间隔。

（3）空间限制是指机械的应用场所、占用空间、整机或机器的组成部分的运动范围。

### 3.2.2 危险识别

为了实现危险识别，有必要识别机械完成的动作及操作人员执行的任务，同时考虑包括不同的零件、机器的结构或功能，加工物料，机器使用的环境，所有可能产生的危险的种类、产生原因、危险所在机器的部位、危险状态和可能发生的危险事件。危险识别的过程主要包括收集数据资料、分析不确定性、确定危险源并归类、进行危险性分级、编制危险源识别报告等。

### 3.2.3 风险评估

危险识别后，应通过确定风险要素，然后对每种危险状态进行风险评估，即确定风险要素的等级。

发生伤害的概率和伤害发生后的严重程度通常作为基本风险要素。发生伤害的概率又与人员在危险中暴露的程度、危险事件发生的状况以及是否有避免或限制伤害的技术措施等相关。伤害发生概率的确定可根据下面内容确定：

（1）人员暴露于危险区的时间和进入危险区的人数、频次，等级一般划分为连续暴露、每天工作时间暴露、偶然暴露、非常罕见的暴露。

（2）危险事件的发生可能性，等级一般划分为必然发生的、非常可能发生的、可能的、不太可能的、几乎不发生的。

（3）避免或限制伤害的可能性，等级一般划分为可能、不可能。

### 3.2.4　风险评定

风险评定是对全部风险要素的综合作用进行评定。这个综合评定的结果用来确定是否需要进行减小风险。进行风险评定，需要选择风险评定工具或评定方法。机器设备风险评价方法包括风险矩阵法、风险图法等。

（1）风险矩阵法。风险矩阵是把任何等级的伤害严重程度与任何等级的伤害发生概率相结合的一种多维表格。最常用的矩阵是二维的。对于每一种已被识别的危险状态，根据规定的定义为每个参数选择一个等级。矩阵单元是被选择伤害的发生概率与伤害严重程度相对应的行和列的交叉点，其内容给出了对被识别危险状态的风险水平的评估。

（2）风险图法。风险图以决策树为基础。图中的每个节点代表一个风险参数（严重程度、发生概率等），从一个节点伸出的每条分枝代表参数的一个等级（例如轻微的程度或严重的程度）。对于每个危险状态，每个参数都代表一个等级。在风险图上，路径从起点开始，然后在每个节点处依照所选择的等级沿着适当的分枝继续前进。最终得到的结果是定性的，可以用术语、数字或字母表示此风险水平或风险指标。

### 3.2.5　风险消除和减小

风险消除和减小是实施补充保护措施以达到风险评价所提出的建议。风险消除和减小的措施与风险等级相关，见表3－1。

表3-1 风险等级表

| 风险等级 | 风险类别 | 风险消除和减小所采取的措施 |
|---|---|---|
| I | 不能接受的 | 必须采取防护措施减少风险 |
| II | 不希望的 | 必须采取防护措施减轻某些风险 |
| III | 复查后可接受的 | 需要复查，确定进一步采取防护措施是否适当 |
| IV | 不用复查就可接受的 | 不需要任何行动 |

## 3.3 事故树分析方法

事故树分析（Fault Tree Analysis，简称FTA）又称故障树分析，是预测事故和分析事故的一种逻辑演绎分析方法。事故树分析法是从一个可能的事故开始，一层一层地逐步寻找引起事故的触发事件、直接原因、间接原因和基础原因，并分析这些原因之间的相互逻辑关系，用逻辑树图把这些原因及其逻辑关系表示出来，绘制成事故树，再对事故树进行定性和定量的分析。通过事故树分析可以找出基本事件及其对顶上事件影响的程度，为采取安全措施、预防事故提供科学的依据。基本事件符号见表3-2。

表3-2 基本事件符号

| | | | |
|---|---|---|---|
| | 矩形：表示顶上事件、中间事件符号，即需要进一步向下分析的事件 | | 圆：表示基本事件符号，即不能再往下分析的事件 |
| 或门：B1 或 B2 任一事件单独发生（输入）时，A 事件都可以发生（输出） | | 与门：表示 B1、B2 两个事件同时发生（输入）时，A 事件才能发生（输出） | |

表 3 - 2 （续）

| | | | |
|---|---|---|---|
| 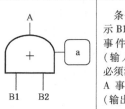 | 条件或门：表示 B1 或 B2 任一事件单独发生（输入）时，还必须满足条件 a，A 事件才发生（输出） | 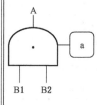 | 条件与门：表示 B1、B2 两个事件同时发生（输入）时，还必须满足条件 a，A 事件才发生（输出） |

### 3.3.1 事故树分析方法的步骤

1. 确定顶上事件

在分析之前首先明确分析的范围和边界，如按井下作业地点划分边界，有采煤工作面、掘进工作面等。划定界限后要详细了解所要分析的对象，包括工艺流程、设备构造、操作条件、环境状况及控制系统和安全装置等。同时还要广泛搜集系统发生过的事故。

在划分边界之后，要在广泛搜集事故资料的基础上，确定分析对象系统和要分析的对象事件，从中找出后果严重且较易发生的事故作为顶上事件（顶上事件也即事故类型，如瓦斯爆炸事故、机电事故等）。一般选择发生可能性较大且能造成一定后果的那些事故作为分析对象。有些事故尽管不易发生，但是一旦发生造成严重的后果，也可以作为顶上事件。确定顶上事件时，要坚持一个事故编一棵树的原则且定义要明确，例如"采煤工作面瓦斯爆炸事故""掘进工作面煤尘爆炸事故"。

2. 确定目标值

根据经验教训和事故案例，经统计分析后，求解事故发生的概率（频率），作为要控制的事故目标值。

3. 调查原因事件

调查与事故有关的所有直接原因和各种因素，包括设备元件等硬件故障、软件故障、人为差错以及环境因素，凡与事故有关的原因都找出来，作为事故树的原因事件，原因事件定义也要确切，简明扼要说明故障类型及发生条件。

4. 编制事故树

从顶上事件开始，采取演绎分析方法，逐层向下找出直接原因事件，直到找出所有最基本的事件为止。每一层事件都按照输入（原因）与输出（结果）之间逻辑关系用逻辑门连接起来。这样得到的图形就是事故树图。

5. 定性分析

按事故树结构进行简化，求出最小割集和最小径集，确定各基本事件的结构重要度。

6. 定量分析

找出各基本事件的发生概率，计算出顶上事件的发生概率，求出概率重要度和临界重要度。

7. 事故树分析结论

利用最小径集找出消除事故的最佳方案。通过重要度（重要度系数）分析确定采取对策措施的重点和先后顺序；最终得出分析、评价的结论。

### 3.3.2  事故树定性分析

定性分析包括求最小割集、最小径集和基本事件结构重要度的分析。

1. 最小割集

在事故树中凡能导致顶上事件发生的基本事件的集合称作割集；割集中全部基本事件均发生时，则顶上事件一定发生。

最小割集是能导致顶上事件发生的最低限度的基本事件的集合；最小割集中任一基本事件不发生，顶上事件就不会发生。故障树中最小割集越多，顶上事件发生的可能性就越多，系统就越危险。

对于已经化简的事故树，可将事故树结构函数式展开，所得各项即为各最小割集；对于尚未化简的事故树，结构函数式展开后的各项，尚需用布尔代数运算法则进行处理，方可得到最小割集。

2. 最小径集

在事故树中凡是不能导致顶上事件发生的最低限度的基本事件的集合，称作最小径集。在最小径集中，去掉任何一个基本事件，便不能保证一定不发生事故。因此最小径集表达了系统的安全性。最小径集越多，顶上事件不发生的途径就越多，系统也就越安全。

将事故树转化为对偶的成功树，求成功树的最小割集即事故树的最小径集。而成功树的转化方法是将故障树内各逻辑门作如下改变：或门变成与门，与门变成或门，基本树形不变。

3. 结构重要度

结构重要度分析方法归纳起来有两种，第一种是计算出各基本事件的结构重要系数，将系数由大到小排列各基本事件的重要顺序；第二种是用最小割集判断各基本事件的结构重要度系数大小，并排列顺序。第二种分析方法较为常用。

### 3.3.3　机械伤害事故树

综采工作面使用大量的机械设备，机械伤害是易发事故之一。对机械伤害进行事故树分析。

1. 画出事故树（图 3 - 2）

2. 求最小割集

该事故树的结构函数式：

$$T = A1 \cdot A2 \cdot A3$$

$$T = (X1 + X2 + X3)(X4 + X5 + X6 + X7)(X8 + X9 + X10)$$

$$= X1X4 + X1X5 + X1X6 + X1X7 + X2X4 + X2X5 + X2X6 + X2X7 +$$
$$X3X4 + X3X5 + X3X6 + X3X7)(X8 + X9 + X10)$$

$$= X8X1X4 + X8X1X5 + X8X1X6 + X8X1X7 + X8X2X4 + X8X2X5 +$$
$$X8X2X6 + X8X2X7 + X8X3X4 + X8X3X5 + X8X3X6 + X8X3X7 +$$
$$X9X1X4 + X9X1X5 + X9X1X6 + X9X1X7 + X9X2X4 + X9X2X5 +$$
$$X9X2X6 + X9X2X7 + X9X3X4 + X9X3X5 + X9X3X6 + X9X3X7 +$$
$$X10X1X4 + X10X1X5 + X10X1X6 + X10X1X7 + X10X2X4 +$$
$$X10X2X5 + X10X2X6 + X10X2X7 + X10X3X4 + X10X3X5 +$$
$$X10X3X6 + X10X3X7$$

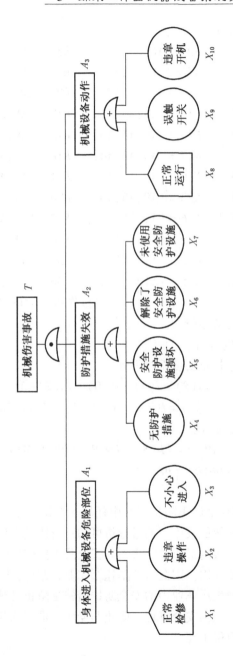

图 3 - 2  机械伤害事故树图

得出最小割集 $K$：

$K1 = \{X8, X1, X4\}$      $K2 = \{X8, X1, X5\}$      $K3 = \{X8, X1, X6\}$

$K4 = \{X8, X1, X7\}$      $K5 = \{X8, X2, X4\}$      $K6 = \{X8, X2, X5\}$

$K7 = \{X8, X2, X6\}$      $K8 = \{X8, X2, X7\}$      $K9 = \{X8, X3, X4\}$

$K10 = \{X8, X3, X5\}$     $K11 = \{X8, X3, X6\}$     $K12 = \{X8, X3, X7\}$

$K13 = \{X9, X1, X4\}$     $K14 = \{X9, X1, X5\}$     $K15 = \{X9, X1, X6\}$

$K16 = \{X9, X1, X7\}$     $K17 = \{X9, X2, X4\}$     $K18 = \{X9, X2, X5\}$

$K19 = \{X9, X2, X6\}$     $K20 = \{X9, X2, X7\}$     $K21 = \{X9, X3, X4\}$

$K22 = \{X9, X3, X5\}$     $K23 = \{X9, X3, X6\}$     $K24 = \{X9, X3, X7\}$

$K25 = \{X10, X1, X4\}$    $K26 = \{X10, X1, X5\}$    $K27 = \{X8, X1, X6\}$

$K28 = \{X10, X1, X7\}$    $K29 = \{X10, X2, X4\}$    $K30 = \{X10, X2, X5\}$

$K31 = \{X10, X2, X6\}$    $K32 = \{X10, X2, X7\}$    $K33 = \{X10, X3, X4\}$

$K34 = \{X10, X3, X5\}$    $K35 = \{X10, X3, X6\}$    $K36 = \{X10, X3, X7\}$

从以上分析可知：共有 36 种引起机械伤害事故的途径，说明该事故发生的可能性较大。

3. 结构重要度分析

按公式计算结构重要度系数得到：

$$I(1) = I(2) = I(3) = I(8) = I(9) = I(10) = (1/2^3 - 1) \times 12 = 3$$

$$I(4) = I(5) = I(6) = I(7) = (1/2^3 - 1) \times 9 = 2.25$$

故结构重要度顺序：

$$I\Phi(1) = I\Phi(2) = I\Phi(3) = I\Phi(8) = I\Phi(9) = I\Phi(10) > I\Phi(4) = I\Phi(5) = I\Phi(6) = I\Phi(7)$$

4. 结论

该事故树有 36 个最小割集，其中任何一个最小割集中的事件发生都会导致事故的发生。通过分析可知：身体进入机械危险部位是导致发生事故的最重要因素，而安全防护措施失效，是导致事故另一个重要原因。因此，严禁违章作业，避免冒险进入机械危险部位，加强生产作业中的安全防护措施是防止机械伤害事故的关键。同时，加强安全管理，防止非操作人员随意开机对于预防事故的发生也很重要。

## 3.4 综采工作面机器设备安全事故分析

### 3.4.1 综采工作面机器设备系统组成

（1）工作面内的采、支、运系统,包括采煤机械、液压支架、刮板输送机和端头支护设备(简称"三机")。其中,采煤机是在前部运输机之上,来回穿梭运行,后部运输机设置在液压支架的底座上。

（2）运输平巷内的运煤系统,包括转载机、破碎机、可伸缩带式输送机。

（3）液压系统,包括乳化液泵、乳化液溶箱及其进、回液主管路。

（4）控制指挥系统,包括控制台、声光信号、扩音电话及其线路。

（5）供水系统,包括冷却水、喷雾泵、水箱及其进出水管路。

（6）供电系统,包括高压供电线路及其连接器和开关、移动变电站、低（中）压配电开关群及其分支供电线路。

这六个系统的设备是搞好综合机械化采煤必不可少的装备,必要时还应配设:

（7）照明系统,包括工作面及平巷的照明灯具及其线路。

（8）辅助设备,包括液压安全绞车、调度绞车、电钻、排（污）水泵等。

（9）辅助运输设备,包括卡轨车或单轨吊及其附属设备。

1. 采煤机系统

采煤机主要由截割部、牵引部、电气控制箱、附属装置等组成。截割部包括摇臂、行星减速箱、螺旋筒和挡煤板;牵引部包括牵引部减速箱、泵站、高压箱;电气控制箱包括中间箱、主电动机和副电动机、电磁阀箱、隔离开关和监控设备。附属装置主要起辅助作用,包括底托架、冷动喷雾装置、电缆水管拖移、紧链装置、摇臂调高装置、防滑装置等组成。滚筒采煤机是以螺旋滚筒作为工作机构的采煤机械,当滚筒旋转并载入煤壁时,利用安装在滚筒上的截齿将煤破碎,并通过滚筒上的螺旋叶片将破碎下来的煤装入刮板输送机。

2. 液压支架系统

液压支架是由液压元件与金属构件组成的支护和控制顶板的设备，能够可靠有效地支撑和控制工作面的顶板，隔离采空区，防止岩石进入工作面。液压支架与滚筒采煤机、刮板输送机、装（转）载机和乳化液泵站等配套使用，可以实现支撑、切顶、移架和推移输送机等一整套工序。液压支架一般由架体、工作机构、液控系统以及附件四大部分组成。架体一般包括顶梁、前梁、掩护梁、连杆、底座和侧护板等金属构件。工作机构是指立柱、推移千斤顶、平衡千斤顶等各种用途的千斤顶。液控系统包括操纵阀、控制阀（液控单向阀与安全阀）、侧压阀和供液回液软管等。附件是指防倒、防滑、防转等机构。液压支架是以乳化液泵站的高压液体为动力，通过液控系统，按要求使支架及附属装置完成支撑、降柱、移架、推移输送机以及防护等动作，从而实现支护工作机械化。其中卸载、降柱、推移和升柱是液压支架的主要操作工序，而支架之间的相对移动、支架及部件在空间上保持规定的位置和前梁伸缩等为辅助操作工序。

3. 刮板输送机系统

刮板输送机俗称溜子，是煤矿井下运输环节中常见的运输设备，主要用于采煤工作面及掘进工作面的煤炭运输。刮板输送机是以刮板链为牵引构件和溜槽为支承机构的连续运输机械。机头部由机头架、传动装置和链轮组件等部件组成。机头架的作用除卸载外，还对传动装置、链轮组件、盲轴和其他附属件等起着支承和装配的作用。传动装置包括电动机、减速器和液力联轴器，电动机均采用三相异步防爆电动机，减速器则大都采用大功率行星减速器，刮板输送机则大多采用液力耦合器作为联轴器。现在双速电机的应用也越来越广，与之配套的是弹性联轴器。链轮组件多由牵引链轮和盲轴组成。中间部主要由溜槽和刮板链组成，当前刮板输送机的溜槽包括中部槽、过渡槽、开口槽。刮板链由刮板、圆环链等组成，其结构形式可分为单链、双边链和双中链几种形式。

### 3.4.2  综采工作面机器设备系统安全事故分析

1. 采煤机安全事故分析与处理

1）采煤机电缆急速下滑

现象：当采煤机下行割煤时，在大坡度地段，采煤机电缆会出现急速下滑的现象，如不采取措施极易伤人。

防治对策：

（1）采煤机安装防滑抱闸装置，停机或停电时，自动抱死。

（2）采用下行截煤的单向截煤方式。

（3）选用先进的交流四相变频调速采煤机，下滑速度大于牵引速度时，采煤机产生发电制动，限制采煤机下滑。

（4）支架工发现电缆出槽立即闭锁刮板输送机，处理好后再开机。

2）采煤机急速下滑

现象：在采煤机割煤时，因工作面突然停电或牵引链（绳）断裂，会使采煤机急速下滑，酿成设备损坏、工作面冒顶、威胁人身安全等严重事故。

防治对策：

（1）采煤机的制动闸必须完好可靠。

（2）不论上行割煤还是上行返空机，前部刮板输送机至采煤机下滚筒的弯曲段始终不大于20 m。

（3）采煤机自身装有防滑装置或配有与采煤机相适应的安全绞车。

2. 液压支架安全事故分析

1）支架横向不稳定

指支架顶梁相对底座偏离原横向设计位置，支架横向失稳的主要原因可能是四连杆机构销孔配合间隙过大或者支架刚度较差或者四连杆机构参数不合理。

2）支架倾斜下滑

（1）加装防倒、滑装置。支架间装上支架防倒千斤顶、支架防滑千斤顶，支架与后部输送机间装上后部输送机防滑千斤顶，支架与前部刮板输送机间也可加装防滑千斤顶。

（2）工作面调斜倾角较小或者两端头的推进度比例较小引起下滑：可进一步增大调斜角度或推进度比例，以达到防滑目的。

（3）控制好排头支架。

（4）移架时始终自工作面下部向上移架，以防采空区滚动矸石冲击支架尾部。

（5）缩短移架过程时间。

3）支架歪倒

倒架原因：

（1）工作面倾角，地板倾角越大，支架中心偏离底座中心越远，下滑分力的力矩越大，若操作不当，倒架的可能性越大。

（2）支架超高导致支架不接顶，支架处于空载状态，容易发生倒架。

（3）刮板输送机上窜下滑，使工作面支架发生大范围的倒架事故，顶板管理失控，片帮、掉顶频繁，严重影响工作面的安全生产。

防治对策：

（1）若工作面倾角过大，设计工作面时将一端超前，将工作面调成伪倾斜，使工作面在伪倾斜方向上推进，尽量减小工作面的倾斜角度；工作面底板松软时，可在支架底座下预先垫一层旧木料，将支架底座衬平；当工作面遇下层空巷时，要预先将空巷填实；当工作面出现构造或顶板破碎时，可在支架顶梁上方带木料护顶，使支架受力均匀，防止倒架。

（2）严格控制工作面采高，严禁支架超过允许支撑高度回采。因漏顶造成支架上方空顶时，要用木料将支架上方的空顶区域填实，然后将支架及时升紧。

（3）密切注意工作面链板机的动向，一发现有上窜下滑的苗头，要及时调整，切不可贻误时机。

（4）坚持按正规循环作业，确保工作面的工程质量。发现工作面局部区域超前或滞后，要及时调整。

3. 刮板输送机安全事故及处理

1）刮板输送机上窜下滑

采取的措施：

（1）推移输送机要从工作面下端开始，在推移输送机时，不能同时松开机头和机尾的锚固装置，移完后应立即锚固，并且要在机头（尾）架底梁上用单体液压支柱加强锚固。

（2）工作面调成伪倾斜，并使工作面略有仰斜。

（3）紧刮板输送机链条时，应尽量在机尾，并且机尾应打压柱。

（4）要防止煤、矸等进入底槽，以减小底链运行的阻力。

2）机头、机尾翻翘伤人事故

刮板运输机机头翻翘伤亡事故中，机头翻翘的原因是在机头与过渡槽无连接螺栓固定或机头无支撑压柱的条件下，以及刮板链同时处于下列3个情况下而发生：向机头方向运转或启动；下槽被卡阻负载骤增；在机头部分刮板链出槽。当机头与过渡槽无螺栓固定且刮板链在槽内时，机头不能翻翘。但当刮板链跑出槽外时，机头就有翻翘的可能；当刮板输送机在正常运转中，任何情况机头都不能翻翘；当机头与过渡槽有螺栓固定，任何情况机头都不能翻翘。

刮板输送机机尾翻翘事故中，机尾翻翘的原因是在机尾无支撑柱（压柱）的条件下且刮板链同时处于下列3个条件下而发生：向机头方向运转或启动；下槽被卡阻，负载骤增；在机尾部分刮板链出槽。

防范措施：要及时检查输送机的平、直、稳牢情况，机头与过渡槽之间的连接要完整，机头、机尾压顶子支撑要牢，支撑点的顶板要坚硬，底板无台阶，机尾过高要挖底。

3）液力联轴器喷油着火伤人事故

原因分析：液力联轴器的喷油着火在输送机过载、液力联轴器不使用油为传动介质和使用不合格易熔合金保护塞三个条件同时具备的情况下，才能发生。或者使用不合格的油、运输机过载也可能发生喷油着火。使用油为液力联轴器的传动介质是液力联轴器的设计规定，而使用不合格的易熔合金保护塞，却是一项人为事故性的行为（如安装位置错误、用熔丝代替易熔合金、用螺栓或木塞堵死易熔塞孔等）。

4）溜槽凸翘伤人事故

原因分析：综采工作面采煤机截割底板不平，特别是割出台阶后，将阻碍推溜工作的正常进行，如果推溜力过大，就可能把溜槽连同电缆槽推动翘起，这时如果在电缆槽翘起的地方有人，就有被伤害的危险。

5）在刮板输送机上摔倒伤人事故

原因分析：人在停止或运转中的溜槽内行走；开刮板输送机时，司机未发出警告信号并通知有关人员离开运输机；用脚踩刮板链的办法来临时处理飘链而摔倒。

6）刮板输送机断链事故

刮板链在断裂的瞬间储蓄着较大的能量，断裂时很容易弹伤人，不仅出现安全事故，还严重影响生产。

刮板输送机运行断链的主要原因：刮板链在运行中受到冲击负载，刮板链过度磨损或超过寿命还在运行，刮板阻力过大，输送机煤量过多，刮板链连接环缺少螺丝等。

预防方法：

（1）跟踪刮板链使用情况，及时更换磨损严重的刮板链。

（2）开动输送机必须先发出信号，确认无误时，才准正式开机，信号不明或输送机上有人禁止开机。

（3）经常检查刮板链，连接环螺丝要齐全紧固，避免重负荷开机，发现运行阻力大时应及时停机查明原因。

（4）机头、机尾的压溜柱必须牢固可靠，并用铅丝与顶板支护拴牢。

（5）禁止任何人乘刮板输送机或在输送机内行走，禁止用刮板输送机运送作业规程规定以外的设施与物料。

（6）检修、处理刮板输送机故障时，要有专人指挥，必须切断电源，闭锁控制开头。

7）刮板输送机飘链事故

　　主要原因是机身不平、不直或刮板链缺少刮板，刮板链刮板弯曲严重以及移溜时出现急弯，中部槽上帮接口损坏等。

　　预防方法主要是移溜时应保持刮板输送机蛇形运转，不能出现急弯，保持刮板输送机平、直、运行稳当；经常检查中部槽、刮板链，发现中部槽损坏、刮板弯曲严重及缺少时应及时补齐及更换。

## 3.5　综采工作面机器设备安全事故分析表

　　综采工作面机器设备安全事故分析见表3-3。

表3-3　综采工作面机器设备安全事故分析表（节选）

| 序号 | 煤机类型 | 作业任务 | 工序 | 事故类型 | 触发事件 | 风险及后果描述 | 危险级别 | 形成事故原因 | 措施 |
|---|---|---|---|---|---|---|---|---|---|
| 1 | 刮板输送机 | 刮板输送机作业 | 开机前检查 | 机电事故、其他事故 | | 损伤设备、设施和伤人 | | 设备及联结部件不完好 | |
| 2 | 刮板输送机 | 刮板输送机作业 | 开机前检查 | 机电事故 | | 发生设备的控制保护失灵、线路短路失火、碰伤人员等 | | 电气部分不完好 | |
| 3 | 刮板输送机 | 刮板输送机作业 | 作业 | 机电事故 | | 损伤设备、设施和伤人 | | 断链 | |

## 3.6　综采工作面机器设备安全评价指标体系

　　综采工作面机器设备安全评价指标体系见表3-4。

表3-4　机械设备安全评价指标

| 一级指标 | 二级指标及标准 |
|---|---|
| 机器设备通用指标 | 设备检修制度分为健全、较健全和不健全三档；<br>全年损失率在0.5%以下的设备事故在两次以下、两次以上和全年损失率在0.5%以上的设备事故在两次以上三档 |
| | 机械设备的运行状况；<br>现场警告显示装置的完善程度；<br>机器的安全操作规程的有关情况 |
| | 设备运行记录；<br>已使用时间/机器寿命；<br>曾发生故障时间/正常使用时间；<br>当前参数状态 |

表 3-4（续）

| 一级指标 | 二级指标及标准 |
|---|---|
| 机器设备通用指标 | 维修情况：<br>备件供应不足；<br>维修人员技术差；<br>检修人员误操作；<br>月（年）底检修不良；<br>大修不良；<br>故障当时处理不良；<br>日常维修不良 |
| | 运转：<br>超负荷运转；<br>机械超时运转；<br>采矿工艺和机械不配套；<br>错误操作；<br>滥用 |
| | 设计：<br>未达到规定的功率；<br>冗余度不够；<br>安全系数不足 |
| | 防护、闭锁及联锁装置：<br>安全防护装置达标率；<br>安全闭锁装置达标率；<br>安全联锁装置达标率；<br>自动报警系统 |
| | 安全管理：<br>安全生产责任制；<br>安全管理制度；<br>安全检查制度；<br>安全技术措施计划及经费保障；<br>定期检验率；<br>日常维护保养情况；<br>安全教育制度；<br>安全机构及人员；<br>作业人员持证上岗率；<br>安全隐患排查、整治情况 |

表3-4（续）

| 一级指标 | 二级指标及标准 |
|---|---|
| 液压支架 | 支架完好，压力符合规定，不窜液、漏液；<br>支架前梁接顶严密，不空顶，梁端至煤壁顶板完整，端面距不超过340 mm；<br>工作面支架有防滑、防倒措施，倾角较大时工作面有挡矸帘及防护网；<br>支护强度、初撑力、移架力、顶梁对顶板覆盖率和支柱对底板的作用面积；<br>工作面采高超过3 m或偏帮严重时，支架必须有护帮板 |
| | 液压支架操作：<br>初撑力不低于规定值的80%，支架立柱有表显示，支架安全阀保持完好，整定值符合规定要求；<br>工作面支架要排成一条直线，其偏差不得超过±50 mm；<br>支架顶梁与顶板平行支设，其最大仰俯角<7°；<br>相邻支架间不能有明显错差（不超过顶梁侧护板高的2/3），支架不挤、不咬，顶梁间空隙不超过规定（<200 mm）；<br>随机移架时（支架）与机组间的距离符合作业规程；<br>相临支架间没有明显错差（不超过顶梁侧护板高2/3），支架不挤、不咬，架间空隙不超过规定；<br>工作面倾角大于15°的地段，移架时下方10 m内不得有人；<br>移架（回柱）操作方法、程序符合作业规程规定 |
| | 基准架稳定性 |
| | 端头支护：<br>端头支护符合作业规程规定；<br>安全出口高度、宽度、支护阻力符合规程要求 |
| | 基本支架稳定性 |
| 刮板输送机 | 工作面刮板输送机头与顺槽输送机搭接合理，底链不拉回头煤；<br>工作面刮板输送机挡煤板和刮板、螺栓齐全完整，机采工作面输送机铲煤板齐全；<br>刮板输送机液力耦合器，使用水（或耐燃液）介质，使用合格的易熔塞和防爆片；<br>输送机机头有防护栏、机尾有护罩、行人需跨越处设过桥、输送机机头、机尾固定牢靠； |

表3-4（续）

| 一级指标 | 二级指标及标准 |
|---|---|
| 刮板输送机 | 设备完好、保护装置齐全有效、不失爆；<br>输送机外露的旋转部位有防护装置，机头、机尾有压盘撑或地锚，且符合要求。行人通过的输送机处有盖板或过桥（有扶手）；<br>电缆、管线吊挂符合规定，且与风筒分开；<br>电缆接线盒、操作按钮严禁落地，吊挂安全；<br>刮板输送机水平与垂直弯曲≤3°；<br>及时清理输送机底链回煤；<br>绞车安全设施齐全有效，运行可靠，零件齐全 |
| 采煤机 | 采煤机牵引功率；<br>制动防滑装置可靠度；<br>采煤机装煤效率；<br>采煤机完好，不漏油、不缺齿，采煤机上装有能停止刮板输送机的闭锁装置；<br>采煤机上有急停刮板输送机的闭锁装置；<br>电气不失爆；<br>采煤机司机及检修工持证上岗。严格执行设备保养、检修制度，并有记录；<br>各种保护齐全、有效；<br>各种操纵手把灵活、可靠。各种仪表齐全、完好；<br>所有联结紧固件完整、齐全，无松动；<br>电缆、油管、水管无挤压和破损，无死弯；<br>红外线操作站及遥控器要灵敏、可靠；<br>各部运转正常，声音、温度、振动无异常；<br>冷却和喷雾用水进口流量与采煤机使用要求相符，水进口压力为1.5～4.0 MPa，水过滤器清洁无堵塞，喷嘴无堵塞或损坏，喷水呈扩散雾状；<br>液压过滤器滤网清洁、畅通；<br>各油位符合要求，各润滑点按时注油；<br>导向滑靴磨损不超过10 mm，牵引轮与销排啮合正常，牵引轮齿面无压溃、变形及磨损过量；<br>滚筒齿座无变形、开焊，截齿固定良好，截齿缺少或截齿无合金的数量不超过10%，齿座损坏或短缺数量不超过2个；<br>电缆夹齐全牢固，不出槽，电缆不受拉力；<br>及时清理采煤机上表面的岩、煤，不影响机器散热 |

表 3-4（续）

| 一级指标 | 二级指标及标准 |
|---|---|
| 刮板输送机 | 运输设备之间转载处的搭接合理。工作面输送机链轮中心距顺槽输送机中心的水平距离为 500 mm，工作面输送机链轮中心距工作面底板的垂直距离为 600 mm；其他运输设备之间的搭接尺寸执行作业规程中的规定；<br>　工作面倾角 12° 以上时，刮板输送机必须装防滑、锚固装置；<br>　一般在采煤机割过 10~15 mm 以上时，才开始推溜，推溜时要注意几架协调操作，不使溜子弯曲过大；<br>　推溜时一般分 2~3 次推到位置，严禁一次推到位，当推不动时，必须查明原因，妥善处理后再推，严禁硬推；<br>　当仰采或俯采时，每一循环内工作面输送机上翘或下扎不得超过 100 mm；<br>　推溜时要保证推移步距，推溜后要保持溜子平直 |
| 安全防护装置 | 现场警告装置完好度；<br>安全防护设施完好度 |

## 3.7　本章小结

　　利用机械安全评价方法和事故树分析方法，在分析综采工作面机器设备系统的组成及特点的基础上，对综采工作面机器设备安全事故进行分析，对综采工作面机器设备系统的安全装置、安全操作规程、安全检测、安全管理等按照事故频率和危险性的大小进行归纳总结，形成综采工作面机器设备系统安全的指标体系，完善了进一步提高综采设备安全化水平的途径。

# 4 综采工作面环境系统安全研究

## 4.1 综采工作面环境概述

综采工作面环境主要指影响工作面生产的地质环境、作业环境，地质环境主要包括：煤层结构、断层、工作面顶板、工作面采高、煤层倾角、地质结构、工作面底板、瓦斯与煤尘爆炸性，工作面涌水量、瓦斯涌出量等。作业环境是指在综采工作面的空间范围内，对工人工作舒适度、工作效率和系统可靠性影响的环境。作业环境的影响因素主要包括微气候条件（温度、湿度、气流速度）、照明与色彩、噪声与振动、气体环境（粉尘、煤尘、$CO_2$ 及瓦斯等）、设备的布局和物料的放置等。

### 4.1.1 综采工作面地质环境

1. 地质构造

断层对综采工作面的影响：断层落差和延展长度越大，对采面的影响越大。断层的走向与工作面煤壁线的夹角越小，采面过断层越困难。断层倾角越小，断层在采面暴露的破碎带和岩石面越宽，对采煤机截割、支护等回采工作越困难，同时增加煤的灰分，影响煤质。

2. 瓦斯涌出量

矿井瓦斯是煤矿重大灾害之一。按照矿井瓦斯涌出量的大小及其危害程度，将瓦斯矿井分为不同的等级。《煤矿安全规程》规定了工作面瓦斯涌出量的分类："①低瓦斯矿井：矿井相对瓦斯涌出量小于或等于 10 $m^3$/t 且矿井绝对瓦斯涌出量小于或等于 40 $m^3$/min。②高瓦斯矿井：矿井相对瓦斯涌出量大于 10 $m^3$/t 或矿井绝对瓦斯涌出量大于 40 $m^3$/min。③煤（岩）与瓦斯（二氧化碳）突出矿井。"

### 3. 煤层倾角

煤层倾角增大使得工作面环境不可靠，人员站立、行走条件差，观察、操作各设备动作困难，煤、矸石沿工作面滚落砸伤人员。作业空间常受到上部煤壁片帮、漏顶及采煤机落煤产生滚动煤体冲击的威胁。

### 4. 煤炭自燃

煤炭自燃的三个最基本的内在和外在条件：煤层本身具有自燃发火倾向性，并且呈破碎状态堆积；具有连续的供氧条件和集聚氧化的蓄热环境。煤的自燃倾向性随煤的变质程度增高而降低，煤的挥发分含量越低，煤的燃点越高，煤的自燃倾向性越弱。

### 5. 井下突水

矿井水的来源主要有两个方面：一是煤层的层间水，二是煤层的上覆地层和下覆地层的补偿水。若煤层含水量比较小，不会影响煤炭生产安全。而煤层上下覆地层所含的水，在没有较好的隔水地层存在的条件下，会直接渗透于矿井；在具有隔水地层存在的条件下，也有可能通过断裂、裂隙等地质构造溃入井下。

### 6. 工作面顶板

据统计，工作面顶板事故占顶板事故的 70% 左右。影响顶板事故的主要因素：直接顶的厚度、直接顶厚度与采高的比值、顶板的分层层数、顶板岩层中砂岩的百分含量、顶板断裂的发育程度、主采煤层与薄煤层的间距等。

## 4.1.2　综采工作面作业环境

### 1. 矿井微气候

矿井微气候主要指矿井空气的温度、湿度和空气的流动速度等。当人体产热速率和环境冷却能力相适应而处于平衡状态时，体温保持在 36.5~37 ℃，人会感到舒适。随着开采深度的增加，机械化程度的提高，矿井主要工作空间的温度显著增加，加上井下的高湿度、一定的风速与辐射条件构成了特殊的井下热环境。高温矿井回采工作面高温热源通常包括：工作面风流的压缩和膨胀、工作面进风温度、煤岩体原岩温度、采煤机械放热、工作面地下高温热水散热、氧化放热、风流自压缩热、围岩与井下空气的热交换和人员放热等。《煤矿安全规程》规定了矿井温度标准。

### 2. 矿井空气污染

矿井的空气污染主要是有害气体和矿尘。常见的有害气体有$CO$、$CO_2$、$H_2S$、$SO_2$等，其主要来源是爆炸产生的炮烟、火灾以及柴油机工作和矿物氧化产生的废气等。矿尘是指悬浮于空气中的细小的固体颗粒。在井下作业地点，以采掘工作面的矿尘浓度最高，其次为运输系统中的各转载点。矿尘造成的危害除了能使大气、水质等周围环境质量下降外，最为严重的是对处于粉尘作业环境的人体造成的生理危害，主要表现为长期工作于较高粉尘浓度环境中易引起尘肺病。当矿尘达到一定浓度时，还有可能引起矿尘爆炸，造成特大煤矿事故。《煤矿安全规程》规定了各种有害气体的最高允许浓度。

### 3. 矿井照明与色彩

#### 1）照明环境的影响分析

人员在作业环境中进行生产活动时，主要是通过视觉对外界的情况作出判断。环境照明的数量主要表现为光的照度指标，环境照明的质量则表现在光色、光谱、眩光、明暗变化等方面。照明质量影响人的情绪状态和动机，进而影响人的作业过程。目前我国煤矿井下采掘空间的照明为矿工随身佩戴的矿灯。由于井下照度较低，多数物体为深色，对比度低，分辨困难，工人不易发现诸如支架歪斜、损坏、顶板异常、设备运转不正常等不安全状况，从而导致事故的发生。

#### 2）色彩的影响分析

由于色彩容易创造形象与气氛，激发心理联想和想象，因此色彩能够比普通照明产生更进一步的效果。许多国家的工业卫生、环境保护专家和劳动心理学家以及医学家都证明厂房、建筑物及工作地装备的色调，对工人的劳动情绪，生产效率和作业质量有明显的影响。实践证明，色彩已不是可有可无的装饰，而是一种管理手段，可以为改善劳动环境、提高生产效率服务。煤矿井下物体色彩设计要根据矿井特殊的照明和色彩环境来确定。

4. 矿井噪声和振动

1）噪声的影响分析

噪声对人体的危害已被大量的科学研究所证明，这些危害主要表现在生理和心理两方面。噪声对听力的影响表现为听闭位移，即听力范围缩小，也称为听力损失噪声。各典型声压级对人的影响，见表 4 - 1。井下作业环境噪声污染严重，溜煤、采煤、运输机、煤电钻等的噪声在 92 dB（A）以上，凿岩机、风镐的噪声大都超过 110 dB（A），而且声频范围多处于人耳敏感的中高频。《煤矿安全规程》规定：作业场所的噪声不应超过 85 dB（A）。

表 4 - 1  典型声压级对人的影响

| 声压/MPa | 声压级/dB（A） | 对人体影响 | 人耳主观感觉 | 环　　境 |
|---|---|---|---|---|
| 0.0002 | 0 | 安全 | 刚刚听到 | 轻声耳语、很安静的时间 |
| 0.002 | 20 | | 安静 | 普通谈话、很安静的街道 |
| 0.02 | 40 | | 一般环境 | 普通对话、收音机 |
| 0.2 | 60 | | 较吵闹 | 城市街道、汽车内大声说话 |
| 2 | 80 | | 吵闹 | 纺织车间 |
| 20 | 100 | 长期听觉受损 | 很吵闹 | |
| 200 | 120 | 听觉较快受损 | 痛苦 | 锅炉车间、球磨机 |
| 2000 | 140 | 其他生理损伤 | 很痛苦 | 喷气式飞机起飞 |
| 20000 | 160 | | | 耳边步枪发射、飞机发动机 |
| 200000 | 180 | | 造成听觉损伤 | 导弹发射 |
| 2000000 | 200 | | | |

2）矿井振动环境的影响分析

振动对人体的影响因振动形式的不同而有所不同。在正常重力环境中，人体对 4～8 Hz 频率的振动能量传递率最大，其生理效应也最明显，称为第一共振峰；在 10～12 Hz 频率时出现第二共振峰，其生理效应仅次于第一共振峰；20～25 Hz 频率时产生第三共振峰。长期接触强振动会引起肢体血管痉挛、上肢骨及关节骨质改变和周围神经末梢感觉障碍等。长时间的振动还会导致耳蜗顶部容易受到损伤，导致语言能力下降。矿井的振动源主要来自凿岩机、风镐等机器。

5. 矿井作业空间

作业空间指人在操作机器时所需要的操作活动空间与机器、设备以及工具所需要的空间的总和。煤矿井下作业空间一般比较狭小，主要受到煤层地质条件的限制，如煤层厚度与倾角、采煤方法与支护形式等，尤其是采煤工作面，综采支架和刮板输送机之间的空间有限，人在其中来回行走不方便，消耗体力增多，容易出现疲劳，引起失误率和事故率增高。作业空间的设计应根据人的操作活动要求，对机器、设备、工具、被加工对象等进行合理的布局和安排，以达到操作安全可靠、舒适方便、经济高效的目的。

## 4.2　综采工作面环境安全事故分析

### 4.2.1　瓦斯爆炸事故

根据相关文献、国家安全生产监督局事故通报、中煤网的"安全日志"以及其他网站事故报道，2003 年 1 月至 2005 年 6 月，我国共发生瓦斯事故 760 起，死亡人数分别为 3900 人。煤矿瓦斯事故包括瓦斯爆炸、煤与瓦斯突出、瓦斯窒息、瓦斯中毒、瓦斯燃烧、瓦斯喷出等。2003 年 1 月至 2005 年 6 月，我国瓦斯事故中，首先以瓦斯爆炸次数最多，发生 312 起，占总次数的 41%；其次为瓦斯窒息以及中毒事故，发生 263 起，占总次数的 35%；煤与瓦斯突出事故排第 3 位，发生 119 起，占总数的 16%；其他瓦斯事故次数占总次数的 8%。瓦斯事故死亡人数

中，瓦斯爆炸致死的人数最多，死亡 2735 人，占总死亡人数的
70.1%；其次为煤与瓦斯突出，死亡 519 人，占总死亡人数的
13.3%；居第 3 位的是瓦斯窒息和中毒，死亡 494 人，占总死亡
人数的 12.7%；其他瓦斯事故致死的占 3.9%。在所有的瓦斯事
故中，瓦斯爆炸频率不仅最高，而且死亡人数也最多。由此可以
看出，防治瓦斯爆炸、煤与瓦斯突出以及瓦斯窒息是治理瓦斯事
故中的主要任务，其中尤以防治瓦斯爆炸为重中之重，只有这样
才能更有效地防治瓦斯灾害的发生。瓦斯浓度超限是瓦斯窒息的
直接原因，同时也是瓦斯爆炸的条件。治理瓦斯必须治理瓦斯超
限问题，而导致瓦斯爆炸的另一重要原因是各种火源的存在。所
以，加强通风管理，优化通风系统，严格按照煤矿瓦斯灾害治理
的 12 字方针来进行生产。

瓦斯爆炸必须是爆炸性气体与高温火源同时存在，而爆炸性
气体是瓦斯爆炸的前提，它主要是由于通风系统不合理和局部通
风机管理不善所导致的结果。其具体原因：

（1）违背技术政策和法律法规开采。有的矿井风量不足，
有的是自然通风，独眼井；有的矿井通风系统不合理、不完善，
形成串联风、扩散风、循环风；有的矿井的采空区和盲巷不及时
处理和封闭，形成瓦斯仓库，留下事故隐患。

（2）通风管理不善，造成瓦斯积聚。有的矿井局部通风机
随意停开；有的不按需要配风，巷道冒落堵塞，风流短路；有的
风筒脱节、漏风、被压，不及时处理；有的风筒口距掘进工作面
太远，使风量过小、风速低，从而导致掘进工作面微风作业，致
使瓦斯积聚。

（3）瓦斯检查制度执行不严。有的矿井瓦斯检查人员数量
不足，经常空班漏检；有的瓦斯检查工思想与业务素质不高，责
任心不强，甚至做假记录；有的矿井瓦斯监测遥控系统安装不合
理或检修不及时，不能发挥其作用。瓦斯漏检可分检测时间不合
理，警报断电仪失灵，警报断电仪位置不当等情况。

（4）瓦斯预排抽放不到位。有的矿井虽然建有瓦斯抽放系

统，但抽放效果不佳，抽放时间不够，以致开采时瓦斯超限。部分有煤与瓦斯突出危险的矿井，没有采取预抽卸压、开采解放层等措施，导致煤与瓦斯突出事故的发生。

（5）违章爆破。炮泥不装或少装炮泥，甚至用煤粉等可燃物替代炮泥。多母线爆破，进行裸露爆破或放连珠炮。间隔时间很短，以致酿成事故。

（6）电气系统管理不严及机械设备摩擦。井下照明和机械设备的电源，电气装置不符合规定；有的疏于管理，电气设备失爆或带电作业产生火花，以及机械设备摩擦产生火花引爆瓦斯。

（7）自燃现象。采空区和旧巷不及时封闭,残煤自然发火;有的是密闭管理不严,火区复燃;有的是带式运输机着火,引发瓦斯爆炸。

（8）职工安全意识薄弱有的职工在井下抽烟，违章擅自动用气焊、电焊等。

### 4.2.2　顶板事故

1. 矿山压力的作用

由于采场上覆岩层在开采影响下变形、移动产生矿山压力，并直接通过煤层顶板传递到工作面支架上。在回采工作面上，下出口附近，矿山压力尤其剧烈，回采工作面中部顶板下沉速度快，压力大；初期来压和周期来压时，整个工作面压力显现异常剧烈。直接顶分不稳定、中等稳定和稳定三类。直接顶的稳定性与其节理裂隙发育程度有关。采高与控顶距的大小，直接影响着工作面顶板压力和顶板下沉量的变化。

2. 地质构造的影响

在回采过程中经常会遇到各种地质构造，如裂隙、陷落柱、断层、褶曲、冲刷带等。这些都能改变工作面的正常压力状况，如果对这些情况不了解就可能发生冒顶。

3. 主观原因

管理不严，违章操作。"重生产，轻安全"的做法忽略了危险的处理。作业人员思想麻痹，疏忽大意，不认真检查，不进行"敲帮问顶"，或因检测手段不齐全，作业人员进入工作面不处理松石就开始作业。

4. 支护因素

支护工作不及时造成冒顶事故，应加快工作面推进速度，减少工作面顶板下沉量。支护质量不好，支护不牢固，顶板留有顶煤，或支柱支在浮煤或浮岩上，使支柱的初撑力严重降低。支柱密度不够往往会引起冒顶，甚至还会引起工作面的大面积冒顶事故。

### 4.2.3　煤尘爆炸事故

1. 矿尘危害

矿尘是矿井建设和生产过程中产生的各种岩矿微小颗粒的总称。煤炭生产建设的各个环节都可能产生粉尘。矿尘危害大小可以归纳为两个方面：

1）煤尘爆炸危险性

煤尘爆炸指数（煤的挥发分占煤的可燃物的百分比）。

2）粉尘浓度

指井巷空气中单位体积含有粉尘的数量，一般量纲 $mg/m^3$。粉尘的来源既有移动尘源，又有固定尘源。粉尘一旦产生，便随风流漂移，以浮游状态弥漫于空气之中，称浮游粉尘，最后沉降下来的粉尘称为沉积粉尘。

2. 防尘可靠性指标

1）综合防尘措施

综合防尘就是防止生产过程中产生粉尘和消除作业场所已产生的粉尘及对人体的危害。一是通风除尘，采用湿式作业方法；二是密闭尘源与净化，加强个体防护；三是改革工艺与设备以减少产尘量；四是定期进行测尘和健康检查。经验证明，持续地采取综合防尘措施，可取得良好的防尘效果。

2）防爆隔爆措施

有些矿尘（主要是硫化矿尘和煤尘）在空气中达到一定浓度并在外界高温热源作用下，能引发爆炸。矿尘爆炸时产生高温、高压，同时产生大量有毒有害气体，对安全生产有极大的危害，应注意采取防爆、隔爆措施。

3）定期冲刷巷道

定期冲刷巷道，可以通过用水润湿巷道来抑制粉尘，从而防止粉尘飞扬。

4）测尘合格点数

测尘的目的是了解作业场所的粉尘现状，检验防尘措施效果，进行劳动卫生评价，同时为进一步研究和完善防尘措施提供依据。

5）掘进工作面综合防尘

掘进工作面综合防尘是指掘进工作面必须实行湿式钻眼，爆破前、后冲洗煤壁，爆破时采取综合防尘措施。掘进工作面的防尘措施必须符合《煤矿安全规程》的相关规定。

6）采煤工作面综合防尘

采煤工作面综合防尘是指采煤工作面应采用煤层注水防尘措施；采煤机必须安装内、外喷雾装置；采煤工作面回风巷应安装风流净化水幕。

7）防尘洒水管路系统

《煤矿安全规程》明确规定："矿井必须建立完善的防尘供水系统。没有防尘供水管路的采掘工作面不得生产开采。"

## 4.3  综采工作面环境评价指标体系

综采工作面环境评价指标体系见表4－2。

表4－2  综采工作面环境评价指标体系

| 一级指标 | 二级指标及标准 | |
| --- | --- | --- |
| 地质环境 | 地质构造复杂程度 | |
| | 煤尘爆炸性 | 煤尘爆炸指数分为10、20、40三档 |
| | 煤与瓦斯突出 | 矿井是否具有突出危险 |
| | 煤层自燃倾向 | 矿井煤层自然发火分为自燃煤层、易自燃煤层 |
| | 水文地质条件 | 矿井水文地质类型分为中等、复杂、极复杂 |

表4-2（续）

| 一级指标 | 二级指标及标准 | |
|---|---|---|
| 地质环境 | 断层情况 | 落差分为小、较大、大和超过煤层厚度四档 |
| | 瓦斯地质条件 | 矿井相对瓦斯涌出量分为10、15、25、30、35、40 |
| | 褶曲情况 | 分为起伏小、明显、较大、很大四档 |
| | 煤层倾角 $\alpha$ | 有急倾斜煤层、缓倾斜煤层 |
| | 掌握顶板变化规律和相应措施 | 顶板变化规律分为掌握、基本掌握、不掌握三档 |
| 作业环境 | 作业环境舒适度 | 井下照明达标率 $W$：$W \geqslant 110$、$90 \leqslant W < 110$、$80 \leqslant W < 90$、$65 \leqslant W < 80$、$50 \leqslant W < 65$、$W < 50$ 分别为极可靠、很可靠、可靠、不可靠、很不可靠、极不可靠 |
| | | 井下温度适宜度 $T$：$15 < T \leqslant 20$、$12 < T \leqslant 15$ 或 $20 < T \leqslant 24$、$9 < T \leqslant 12$ 或 $24 < T \leqslant 26$、$6 < T \leqslant 9$ 或 $26 < T \leqslant 28$、$4 < T \leqslant 6$ 或 $28 < T \leqslant 30$、$T \leqslant 4$ 或 $T > 30$ 分别为极可靠、很可靠、可靠、不可靠、很不可靠、极不可靠 |
| | | 井下湿度适宜度 $H$：$50 < H \leqslant 65$、$45 < H \leqslant 50$ 或 $65 < H \leqslant 70$、$40 < H \leqslant 45$ 或 $70 < H \leqslant 75$、$35 < H \leqslant 40$ 或 $75 < H \leqslant 80$、$30 < H \leqslant 35$ 或 $80 < H \leqslant 85$、$H \leqslant 30$ 或 $H > 85$ 分别为极可靠、很可靠、可靠、不可靠、很不可靠、极不可靠 |
| | | 井下空气污染指数 $S$：$S \leqslant 0.5$、$0.5 < S \leqslant 1.0$、$1.0 < S \leqslant 1.5$、$1.5 < S \leqslant 2.0$、$2.0 < S \leqslant 3.0$、$S > 3.0$ 分别为极可靠、很可靠、可靠、不可靠、很不可靠、极不可靠 |
| | | 矿井噪声及振动 $Z$：$Z \leqslant 50$、$50 < Z \leqslant 60$、$60 < Z \leqslant 70$、$70 < Z \leqslant 80$、$80 < Z \leqslant 90$、$Z > 90$ 分别为极可靠、很可靠、可靠、不可靠、很不可靠、极不可靠 |
| | | 粉尘与煤尘 $C$：$C \leqslant 1$、$1 < C \leqslant 4$、$4.0 < C \leqslant 8.0$、$8 < C \leqslant 12$、$12 < C \leqslant 24$、$C > 24$ 分别为极可靠、很可靠、可靠、不可靠、很不可靠、极不可靠 |
| | | 有害作业点检测合格率 |

表4-2（续）

| 一级指标 | 二　级　指　标　及　标　准 | |
|---|---|---|
| 作业环境 | 通风状况 | 风速 $V$：$0.5 < V \leqslant 1.5$、$0.4 < V \leqslant 0.5$ 或 $1.5 < V \leqslant 3.0$、$0.3 < V \leqslant 0.4$ 或 $3.0 < V \leqslant 4.0$、$0.2 < V \leqslant 0.3$ 或 $4.0 < V \leqslant 5.0$、$0.1 < V \leqslant 0.2$ 或 $5.0 < V \leqslant 6.0$、$V \leqslant 0.1$ 或 $V > 6.0$ 分别为极可靠、很可靠、可靠、不可靠、很不可靠、极不可靠 |
| | | 通风状况分为风量、风速、有害气体含量完全符合安全规程要求，有一项、有两项、三项均不符合安全规程要求的档次 |
| | 作业环境空间合理性 | 各种运输设备空间满足要求<br>巷道空间、轨道空间满足要求<br>车场布置合理<br>硐室设置和环境符合要求<br>各种提升设备空间符合设计要求<br>硐室布置满足要求 |
| | 应急与疏散 | 应急疏散路线畅通性 |
| | | 硐室应急装备物资配备率 |

## 4.4　本章小结

综采工作面环境分地质环境和作业环境两部分。环境安全性分析，包括工作面采高、煤层倾角、工作面结构、煤层结构、断层、工作面顶板、工作面底板、煤层自燃状况、瓦斯与煤尘爆炸性、工作面涌水量、瓦斯涌出量、矿井微气候状况的影响分析、矿井空气污染的影响分析、矿井照明与色彩的影响分析、矿井噪声与振动的影响分析、矿井作业空间的影响分析、矿井环境的改善与控制等，建立综采工作面环境安全化数据库和评价指标体系，给出了综采工作面环境的改善与控制措施。

# 5 改善工作面环境的引射除尘技术研究

## 5.1 引射除尘技术

煤尘是指悬浮于空气中的细小的固体颗粒。煤矿在生产、贮存、运输及巷道掘进等各个环节中都会向井下空气中排放大量的粉尘。尤其在风速较大的作业场所，粉尘排放量猛增。采煤工作面是煤矿产尘量最大的作业场所，其产尘量约占矿井产尘量的60%。而采煤机割煤、支架移架、放煤口放煤及破碎机破煤是机采工作面的四大产尘源，产尘量分别约占60%、20%、10%和10%。

煤尘的危害：①能使大气、水质等周围环境质量下降；②对长期工作于较高粉尘浓度环境中的作业人员易引起尘肺病；③当煤尘达到一定浓度时，就有可能引起煤尘爆炸，就会造成特大煤矿事故，给人民生命带来巨大的灾难；④煤尘在整个工作面飞扬，破坏了机器设备的工作环境，加速机械的磨损，降低工作面作业人员的视觉能见度，增加事故发生概率。

### 5.1.1 水雾捕尘技术机理

1976年，美国学者布朗和斯考温格德提出了微细水雾捕尘理论，他们认为在微细水雾中，不仅存在着各种动力学现象，而且还有蒸发、凝结以及水蒸气浓度差异造成的扩散现象等，这些都对呼吸性粉尘的捕集起着重要作用。所以，对于微细水雾存在着多种捕尘机理：①动力学机理。在喷雾中，大粒径液滴仍是利用空气动力学机理来捕尘的，即通过粉尘粒子与液滴的惯性碰撞、拦截以及凝聚、扩散等作用实现液滴对粉尘的捕集；②云物理学机理。微细水雾喷向含尘空间，在很短时间内蒸发时，使喷雾区水汽迅速饱和，过饱和水汽凝结在粉尘粒子上，使携带着粉尘粒子的云滴和其他水雾粒相互碰撞，凝结形成液滴降落下来；

③斯蒂芬流的输运机理。在喷雾区内液滴迅速蒸发时，在液滴附近区域内会造成蒸汽组分的浓度梯度，形成由液滴向外流动扩散的斯蒂芬流。另外，当蒸汽在某一核上凝结时，也会造成核周围蒸汽浓度的不断降低，形成由周围向凝结核运动的斯蒂芬流。因此，悬浮于喷雾区中的粉尘粒子，必然会在斯蒂芬流的输运作用下迁移运动，最后接触并黏附在凝结液滴上被润湿捕集。

### 5.1.2　引射除尘作用机理

引射除尘器主要部件包括引射筒和安装于引射筒内的喷嘴。由于引射除尘器喷嘴喷雾压力较高，产生的雾气流速很快，动能较大，形成高压射流，加之高速雾气流的扩散直径大于引射筒直径，把引射筒全密闭充满，高速雾气流在引射筒内呈紊流状态高速推进，形成水雾活塞，引射筒前方的空气被源源不断的水雾推出去，引射筒的后部及整个降尘装置周围产生了很强的负压空间场，因而可以把采煤机滚筒及附近含尘浓度高的空气吸入到降尘装置内，粉尘与水雾在引射筒里而不断地结合、反复碰撞、重新组合，大部分粉尘与雾粒结合在引射筒中沉降下来，部分粉尘连同水雾撞击在折流板上，失去了在空气中的悬浮能力，很快降落下来，从而起到负压降尘的作用。

引射筒内粉尘的捕集可以分为以下四种方式：①重力捕集。大尘粒依靠自身重力进入水滴；②惯性碰撞捕集。较大尘粒在运动过程中遇到液滴时，其自身的惯性作用使得它们不能沿流线绕过液滴仍保持其原来方向运动而碰撞到液滴，从而被液滴捕集；③截留捕集。当尘粒随气流直接向液滴运动时，若尘粒与液滴的距离在一定范围以内，该尘粒将被液滴吸引并捕集；④布朗扩散捕集。微细尘粒随气流运动时，由于布朗扩散作用，而沉积在液滴上。

### 5.2　引射除尘器工作原理和性能要求

引射除尘器包括集气罩、引射筒、喷水装置和折流板四大部分（图5-1）。其工作原理如下：

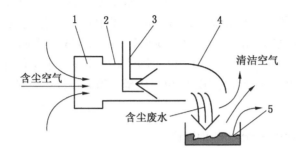

1—集气罩；2—引射筒；3—喷水装置；4—折流板；5—输送机

图 5 - 1　引射除尘器工作原理示意图

## 5.2.1　工作过程

放煤时，高压水通过特制的喷水装置喷入引射筒。喷出的高压水在引射筒中呈雾状。雾状水滴在引射筒中高速前进，从而在集气罩端口处产生负压。在负压的作用下，工作面的含尘空气被吸入引射筒；当它与水雾混合时，其中的粉尘被水滴捕集。粉尘与水滴混合后，在折流板的作用下，成为含尘废水，被排放到输送机上，与煤一起运出。工作面的粉尘浓度因此得到降低。

## 5.2.2　引射除尘器的总体性能要求

1. 吸尘量大

吸尘量是单位时间内吸入的含尘气体的体积，即吸风量的大小。影响吸风量大小的因素有供水压力、喷嘴性能、引射除尘器结构等。

2. 粉尘捕集能力高

粉尘捕集能力是进入除尘器的粉尘最大限度的被水滴捕集的比例。影响粉尘捕集能力的主要因素有雾滴的速度和粒径的大小等。一般认为雾滴直径应控制在 $20 \sim 50\ \mu m$ 范围内，最大不超过 $200\ \mu m$；雾滴速度以 $20 \sim 30\ m/s$ 为宜。

3. 液气比小

液气比（$K$）是指除尘器消耗水量 $Q_2$ 与吸入的含尘气体量 $Q_1$ 的比值。一般情况下，湿式除尘器中最大气流速度在 40 ~ 150 m/s 之间，液气比在 1：666.7 ~ 1：3333.3 之间，多选用 1：1000 ~ 1：1428.6。由于除尘器消耗的水量几乎全部排入运输机的煤中，水量过大会影响出煤质量，因此设计中应尽量降低液气比。

## 5.3　引射除尘器的结构设计

### 5.3.1　喷嘴的设计

引射除尘器的效率决定于吸尘量大小、粉尘捕集能力高低、液气比大小等多项指标。喷嘴是引射除尘器中喷水装置的关键部件，它的性能包括喷出雾粒的大小、速度及水雾的雾化角等，喷嘴的性能直接影响引射除尘器的效率指标。

1. 喷嘴的选型

喷嘴按用途大致分为三类：

1）用于切割的喷嘴

它的结构简图如图 5 - 2 所示。影响这种喷嘴性能的参数主要是喷嘴出口处的锥角和喷嘴出口段的长度。

2）用于清洗的喷嘴

其结构与切割用喷嘴基本相同，只是要求冲击力不能过大，以保证清洗对象不受损伤。有时为增大清洗面积，还在普通喷嘴出口处开个浅槽，这就是所谓的扇形喷嘴，结构简图如图 5 - 3 所示。水流出时，沿槽的方向展开为扇形，以增大清洗面积。

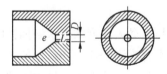  

图 5 - 2　切割用喷嘴结构简图　　图 5 - 3　清洗用喷嘴结构简图

3）着重雾化效果的喷嘴

这种喷嘴多用于喷涂、降尘等。例如：螺旋流体雾化喷嘴，其结构简图如图5－4所示，旋流室导流沟的轴线与平面成一定角度，目的是增加旋

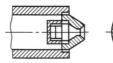

图5－4　螺旋流体雾化喷嘴

流体的紊流度，经喷嘴喷射后水雾呈实心锥伞状。

从结构看，喷嘴又分为有旋芯和无旋芯两种。雾化用喷嘴均有旋芯，切割用喷嘴一般无旋芯。旋芯是雾化的关键，旋芯的旋转增加水流的紊流度，把部分水射流的压力能转化成细微水滴的速度能，使水流得以雾化。

引射除尘器的喷嘴既要求喷出的射流有较高的速度，又要求雾化效果好。因此，在原来高压射流切割用喷嘴的基础上，加上旋芯，更能满足除尘的要求。通过无旋芯喷嘴和有旋芯喷嘴的对比试验，发现有旋芯喷嘴在吸风量和雾化效果上明显好于无旋芯喷嘴。所以选用了有旋芯的结构型式，如图5－5所示。旋芯的中心开有一个直通孔，旋芯外表面有螺旋槽。当高压水进入喷嘴时，将形成几股水流。一股沿旋芯中心孔前进，其余几股沿螺纹的螺旋沟槽旋转前进。多股水在喷嘴出口处汇合并喷出，形成实心锥伞状的射流。

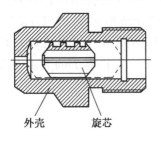

外壳　　　旋芯

图5－5　喷嘴结构图

2. 喷嘴的设计

引射除尘器选用有旋芯喷嘴，由外壳和旋芯组成。

高压水射流的压力 $P$、密度 $\rho$、流量 $Q$、功率 $N$ 和喷嘴出口孔径 $D$ 之间的关系见式（5－1）至式（5－3）：

$$P = \rho V^2 / 2 \qquad (5-1)$$

$$Q = (\pi D^2 / 4) V \qquad (5-2)$$

$$N = PQ \qquad (5-3)$$

因此，喷嘴出口孔径 $D$ 的参考值可由式（5－4）计算得出：

$$D = \left( \frac{4Q_0}{\pi} \sqrt{\frac{\rho Q_0}{2N_0}} \right)^{\frac{1}{2}} \qquad (5-4)$$

1）外壳设计

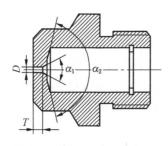

图5－6　外壳结构图

喷嘴外壳结构如图5－6所示。喷嘴外壳结构尺寸包括出口直径 $D$、出口段长度 $T$、出口段内锥角 $\alpha_1$、外壳内腔导角 $\alpha_2$ 等（$\alpha_1 = 30° \sim 60°$，$\alpha_2 = 120° \sim 150°$，$T = 0.5 \sim 3$ mm）。根据高压泵的功率和流量，计算得到外壳出口直径 $D$ 应在 $1 \sim 2$ mm 之间，综合考虑喷嘴的安装、拆卸及加工等因素，设计出12种不同尺寸的外壳，外壳尺寸见表5－1，其中1~6号主要考虑外壳出口直径 $D$ 与外壳出口段长度 $T$ 的搭配，它们的变化范围都是 $1 \sim 2$ mm。7至12号主要考虑在壳出口直径 $D$ 固定的情况下，外壳出口段内锥角 $\alpha_1$、外壳内腔导角 $\alpha_2$ 及外壳出口段长度 $T$ 的大小对雾化角的影响（$\alpha_1 = 30° \sim 60°$，$\alpha_2 = 120° \sim 150°$，$T = 0.5 \sim 3$ mm）。

表5－1　外壳尺寸表

| 编号 | 1 | 2 | 3 | 4 | 5 | 6 | 7 | 8 | 9 | 10 | 11 | 12 |
|---|---|---|---|---|---|---|---|---|---|---|---|---|
| $D$/mm | 1 | 1 | 1.5 | 2 | 1.5 | 2.5 | 1.5 | | | | | |
| $T$/mm | 1.5 | 1 | 0.5 | 1.5 | 1 | 1 | 1.0 | 3 | 1.5 | 2 | 0.5 | 1.5 |
| $\alpha_1$/(°) | 180 | | | | | | 30 | 30 | 45 | 45 | 60 | 60 |
| $\alpha_2$/(°) | 120 | | | | | | 120 | 150 | 120 | 150 | 120 | 150 |

2）旋芯设计

喷嘴旋芯结构如图 5-7 所示，通过设计不同形状的旋芯进行实验，寻找最佳的旋芯参数。试验用旋芯的螺旋槽截面形状有三角形、圆弧形和矩形三种。改变螺旋槽的深度 $d$、头数 $n$、螺旋槽宽度 $t_1$ 和螺距 $t_2$，设计不同形状的 14 种旋芯，具体见表 5-2。

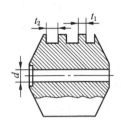

图 5-7 旋芯结构图

表5-2 旋芯尺寸表

| 编 号 | $n/$个 | $d/mm$ | $t_1/mm$ | $t_2/mm$ |
| --- | --- | --- | --- | --- |
| 1 | 4 | 2.5 | 1.5 | 1.5 |
| 2 | 4 | 1.5 | 1.2 | 1.8 |
| 3 | 4 | 1.5 | 1.1 | 1.8 |
| 4 | 4 | 1.5 | 1.0 | 2.0 |
| 5 | 4 | 1.5 | 1.5 | 1.8 |
| 6 | 4 | 1.2 | 1.5 | 1.0 |
| 7 | 4 | 1.0 | 1.2 | 1.8 |
| 8 | 4 | 1.0 | 1.6 | 1.2 |
| 9 | 3 | 0.5 | 1.2 | 1.5 |
| 10 | 3 | 1.5 | 1.2 | 1.8 |
| 11 | 3 | 2.0 | 1.5 | 1.5 |
| 12 | 2 | 1.5 | 2.0 | 2.0 |
| 13 | 2 | 1.5 | 1.0 | 2.0 |
| 14 | 2 | 1.5 | 1.2 | 1.5 |

3）喷嘴外壳和旋芯的初步搭配实验

喷嘴喷出的射流能否雾化、雾化的状况如何直接影响除尘器的除尘效率。衡量雾化状况的指标有雾化角、雾滴速度、雾滴大小、雾滴密度等。雾化角越大除尘效果越好。雾化角如图 5-8 所示。实验把前述 12 种外壳与 14 种旋芯搭配起来，测量了各种搭配的喷嘴在自由状态下（无引射筒约束的状态）喷出射流的雾化角。表 5-3 是它的测量结果。分析实验数据，得到如下结论：

（1）对每种搭配，雾化角随供水压力的增加而增大。

（2）对于1～6号外壳来说，当外壳出口孔径在1～1.5 mm，旋芯孔径为1 mm时，雾化角较大，最大能达22°左右。当外壳出口孔径小于旋芯孔径时，射流为束状，会出现喷嘴憋水现象，泵不能正常工作。当旋芯孔径在0.5～1 mm时，即旋芯孔径过小时，泵压不稳定，有憋水现象。

（3）7～12号外壳与各旋芯的搭配情况不如1～6号外壳，从实验数据看，$\alpha_1$、$\alpha_2$或$T$的增大，均使雾化角减小，雾化角最大为14.25°。

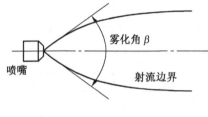

图5-8　雾化角示意图

由此可知，外壳的出口孔径在1.0～1.5 mm之间，出口圆柱段长度$T=1$ mm，旋芯孔径在1.0～1.2 mm之间时，喷嘴的雾化效果较好。与其对应的外壳编号为2号和5号，旋芯编号为6、7、8号。

表5-3　各种外壳与旋芯搭配的射流雾化角

| 压力/MPa | 外壳编号 | 旋芯编号 | 雾化角/(°) |
|---|---|---|---|
| 8 | 2 | 7 | 18.4 |
| | | 11 | 19 |
| | | 9 | 憋水 |
| | 5 | 7 | 19.2 |
| | | 11 | 21.4 |
| | | 9 | 憋水 |
| 10 | 2 | 7 | 20.8 |
| | | 11 | 憋水 |
| | 5 | 7 | 21.2 |
| | | 11 | 憋水 |

表5-3（续）

| 压力/MPa | 外壳编号 | 旋芯编号 | 雾化角/(°) |
|---|---|---|---|
| 12 | 2 | 7 | 22.3 |
| | 5 | 7 | 22.4 |
| | 7 | 7 | 13 |
| | 8 | 7 | 12.5 |
| | 9 | 7 | 13 |
| | 10 | 7 | 14.25 |
| | 11 | 7 | 11.42 |
| | 12 | 7 | 13 |
| 20 | 2 | 7 | 22.5 |
| | 5 | 7 | 22.6 |

### 5.3.2 引射筒的设计

引射筒是引射除尘器的主要组成部分。喷嘴喷出高速水雾在引射筒内产生负压，含尘空气在负压作用下被吸入引射筒，并在引射筒中与水雾混合。因此引射筒的结构对引射除尘器的负压大小和粉尘与水雾的混合状况有很大影响。

引射筒的型式很多，但大致分为变径管和不变径管两类。对于变径管，采用两个不同尺寸的文丘利管做负压实验，效果一般。考虑到变径管的加工工艺复杂，成本较高，因此，可选用不变径管作为引射筒研究对象。引射筒尺寸示意图如图5-9所示。

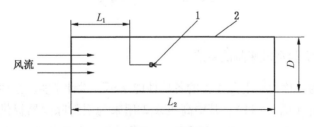

1—喷嘴；2—引射筒

图5-9 引射筒尺寸示意图

由于液压支架立柱之间有许多管线和控制阀，不宜安装除尘器，而掩护梁下方空间较大，不是人员的主要通道，因此，把除尘器设置在掩护梁上，输送机的上方。除尘器不能挡住放煤口，应安装在天窗外侧。制约除尘器总长度的主要因素为输送机上的堆煤高度、吸尘口位置和输送机位置。引射除尘器长度的具体数值，还要根据具体的放煤支架来确定。

### 5.3.3　折流板的设计

折流板的作用是使含尘废水改变方向，让废水流入输送机，随输送机运出采煤工作面。同时折流板会在除尘器出水口处产生回风，影响除尘器的除尘效率。折流板的设计参数有两个，一个是折流板距引射筒出口端的距离 $S$，另一个是折流板的倾斜角度 $\psi$（图5－10）。经过实验，折流板的设计取 $S = 150 \text{ mm}$，$\psi = 45°$。

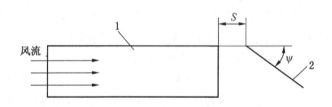

1—引射筒；2—折流板

图5－10　折流板示意图

### 5.4　实验室风速测试系统

为了优化引射除尘器的各项性能指标，设计了实验室风速测试系统（图5－11），其中高压泵3用来为引射除尘器提供高压水，其工作压力为 10~15 MPa；溢流阀2用来调节压力的大小；引射除尘器的进水压力可从压力表5上读出；负压计（毕托管压力计）6 用来测定引射筒进口处的负压。实验室风速测试系统的工作过程：水源的水被高压泵 3 加压后，经压力表 5 到达喷嘴，在引射筒 7 中以雾状喷出。用负压计 6 测量此时引射筒 7 进口处的负压，根据负压可以计算出引射筒 7 进口处的风速。根据风速可以进一步计算引射筒 7 的吸风量。用流量计 4 可以读出引射除尘器的耗水量。计算耗水量与吸风量的比值，就可得到引射除尘器的液气比。借助风速风量实验系统，可以从负压计上读出引射筒进气口中心线处的负压 $h$，然后计算吸风量系数 $q$。其推导过程如下：

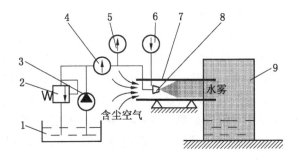

1—水源；2—溢流阀；3—高压泵；4—流量计；5—压力表；
6—负压计；7—引射筒；8—喷嘴；9—集水罩

图 5-11　实验室风速测试系统示意图

被测点的风速与该点负压的关系如式（5-5）所示：

$$v = \sqrt{\frac{2g\gamma_1 h}{\gamma_2}} \tag{5-5}$$

其中，$g$ 是重力加速度；$\gamma_1$、$\gamma_2$ 分别是毕托管液体和引射筒被测气体的密度；$h$ 是测得的负压读数，本实验以"cm 水柱高"的单位来记录。假定被测点截面上各点速度相同，那么吸风量 $Q$ 如式（5-6）所示：

$$Q = \frac{\pi d^2}{4}v = \frac{\pi d^2}{4}\sqrt{\frac{2g\gamma_1 h}{\gamma_2}} = kd^2\sqrt{h} \tag{5-6}$$

$d$ 是引射筒的直径；$k$ 与 $g$、$\gamma_1$、$\gamma_2$ 有关，对于本实验，$k$ 是一个常数。因此，吸风量 $Q$ 与 $d^2\sqrt{h}$ 成正比。将 $d^2\sqrt{h}$ 记为 $q$，称为吸风量系数。

借助实验室风速测试实验系统，可以对不同结构参数的引射除尘器进行气流速度的测定及液气比的计算，从而对引射除尘器各部件的结构优化。

## 5.5　引射除尘器结构优化的实验研究

### 5.5.1　引射筒直径的确定

为了找到合适的直径参数，在风速测试系统中保持其他参数不变的条件下，只改变引射筒的直径 $D$，观察直径对吸风量的影响情况。实验表明：当引射筒直径较小时，引射筒的吸风量随直径的增大而增大；当引射筒直径达到某个值后，直径的增大反而使吸风量下降。实验数据见表 5－4。由于引射除尘器安装在液压支架上，考虑到井下操作工的安全，其空间极限尺寸：长1198 mm，宽 350 mm，高 250 mm，加之实验室的条件，采用长度为 950 mm，内径为 102 mm 的引射筒。

表5－4　引射筒直径与风速的关系

| 直径/mm | 35 | | 50 | | 80 | | 102 | |
|---|---|---|---|---|---|---|---|---|
| 系统压力/MPa | 8 | 12 | 8 | 12 | 8 | 12 | 8 | 12 |
| 风速/($\mathrm{m \cdot s^{-1}}$) | 1.08 | 1.21 | 1.5 | 2.25 | 2.21 | 3.08 | 3.09 | 3.85 |

### 5.5.2　引射筒上喷嘴位置的确定

喷嘴装在引射筒中心线上，呈紊流状态向前推进，形成"活塞效应"而产生负压。在引射筒长度和直径确定的前提下，喷嘴在引射筒上的轴向位置，直接影响"活塞效应"，进而影响负压及除尘器的性能。为了找出喷嘴在引射筒上的最佳位置，仍使用风速测试系统，保持其他参数（喷嘴尺寸、引射筒直径和长度）不变，只改变喷嘴在引射筒上的轴向位置，测量了引射筒的吸风风速，测得数据见表5-5和表5-6。

表5-5　喷嘴1实验数据

| 系统压力/MPa | 喷嘴位置/mm | 风速/(m·s⁻¹) |
|---|---|---|
| 8 | 0 | 3.2 |
| | 200 | 2.8 |
| | 400 | 2 |
| 10 | 0 | 3.76 |
| | 200 | 3.1 |
| | 400 | 2.3 |
| 12 | 0 | 3.85 |
| | 200 | 3.84 |
| | 400 | 3.77 |

表5-6　喷嘴2实验数据

| 系统压力/MPa | 喷嘴位置/mm | 风速/(m·s⁻¹) |
|---|---|---|
| 8 | 0 | 3.87 |
| | 50 | 3.83 |
| | 100 | 4.2 |
| | 150 | 4.15 |
| | 200 | 4.1 |
| 10 | 0 | 4.3 |
| | 50 | 4.25 |
| | 100 | 4.5 |
| | 150 | 4.53 |
| | 200 | 4.12 |

表 5 - 6（续）

| 系统压力/MPa | 喷嘴位置/mm | 风速/(m·s⁻¹) |
|---|---|---|
| 12 | 0 | 4.5 |
| | 50 | 4.6 |
| | 100 | 4.58 |
| | 150 | 4.56 |
| | 200 | 4.3 |

图 5 - 12 给出了小孔径喷嘴（1.0 mm ＜外壳出口孔径＜ 1.5 mm）的测量结果。图 5 - 13 是大孔径喷嘴（外壳出口孔径 ＞1.5 mm）的测量结果。测量结果表明，对于小孔径喷嘴，当系统供水压力不超过 12 MPa 时，最佳位置在引射筒进气端口 300～400 mm 处；对于大孔径喷嘴，当系统供水压力接近 12 MPa 时，最佳位置在距引射筒进气端口 100～150 mm 处。

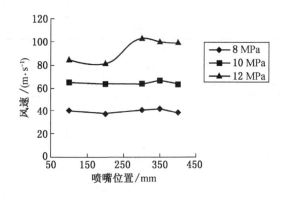

图 5 - 12　小孔径喷嘴位置与风速的关系

### 5.5.3　引射除尘器中喷嘴外壳与旋芯的最佳搭配

在风速测试系统中，引射筒的直径设计为 102 mm，工作压力设计为 12 MPa，然后在这个条件下寻找喷嘴外壳与旋芯的最

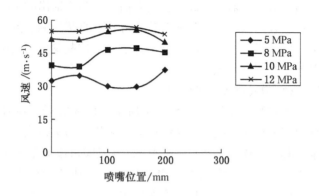

图 5 – 13　大孔径喷嘴位置与风速的关系

佳搭配。对于小孔径喷嘴，喷嘴的安装位置定为距引射筒进气端口 400 mm 处，对于大孔径喷嘴，则定在 120 mm 的地方。使用风速测试系统，依次将不同的喷嘴外壳与旋芯进行搭配，测量引射除尘器的吸风风速和液气比，其中外壳和旋芯的编号见表 5 – 1 和表 5 – 2。实验表明：对于不同的旋芯，外壳 2 和外壳 5 的风速值都比较大，这说明外壳对风速的影响比旋芯大。外壳 5 与旋芯 7 搭配以及外壳 5 与旋芯 10 搭配为最佳搭配。前者的风速为 115.3 m/s，后者的风速为 117.1 m/s。计算出的液气比，前者为 1∶5047，后者为 1∶5416，都达到了引射除尘器的总体性能要求。可以找出喷嘴外壳与旋芯的最佳搭配，风速达 117.1 m/s，计算出液气比为 1∶5416，达到了引射除尘器的总体性能要求。

## 5.6　引射筒内雾化特性的研究

引射除尘技术的关键在于引射筒进气口处负压的大小，负压越大吸风量就越大。而喷嘴喷出射流的速度对负压的大小有直接影响，在其他条件一定的情况下，速度越大，负压就越大。在负压作用下吸入引射筒内的粉尘，最重要的环节之一要与水的颗粒充分混合、碰撞、吸附、黏结在一起，形成与水的混合物流体，从而排出引射除尘器。因此，在引射筒内，喷嘴射出的水的颗粒大小、运动方向、速度及其分布状态等参数直接影响射流对粉尘的捕集效率及引射除尘器的性能。为了弄清这些参数的大小，设计了射流参数测试系统。

### 5.6.1　系统构成及其工作原理

　　射流参数测试系统如图 5 – 14 所示，由喷雾子系统和 PDA 子系统两部分组成。喷雾子系统中高压泵用来为引射除尘器提供高压水，其工作压力为 10 ~ 15 MPa；溢流阀可以调节压力的大小，进水压力可从压力表上读出；负压计（毕托管压力计）用来测定引射筒进口处的负压。水源的水被高压泵加压后，经压力表到达喷嘴，在引射筒 7 中以雾状喷出。引射筒 7 上窗口 6 用来观察射流状态。用负压计测量此时引射筒 7 进口处的负压，根据负压可以计算出引射筒 7 进口处的风速。根据风速可以进一步计算引射筒 7 的吸风量。用流量计可以读出引射除尘器的耗水量。计算耗水量与吸风量的比值，就可得到引射除尘器的液

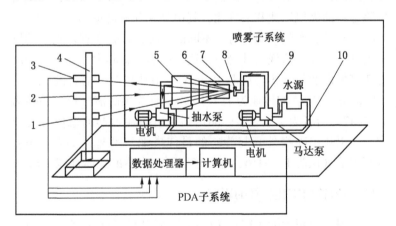

1、2—发送光源镜头；3—接收光源镜头；4—三维坐标架；5—集水装置；
6—窗口；7—引射筒；8—喷嘴；9—进水管；10—回水管

图 5 – 14　射流参数测试实验系统示意图

气比。

　　PDA 子系统关键部件是三维粒子动态分析仪，PDA 是三维粒子动态分析仪的英文缩写（Particle Dynamics Analyzer），使用 PDA 可以测量雾滴的速度和粒径大小等参数。系统工作原理如下：经高压泵加压后的水，由喷嘴雾状喷出。PDA 把一束蓝色激光和一束紫色激光打到水雾上，并在测量点上聚焦。然后把水滴反射回的激光信号收集起来，并传送到数据处理器进行处理，得到被测处雾滴的速度、粒径等参数。

### 5.6.2　三维粒子动态分析仪简介

　　图 5 – 15 是 PDA 测量系统示意图。图 5 – 16 是射流参数测试现场。其采用丹麦 Dantec 公司的三维 PDA 系统，即三维粒子动态分析仪（Particle Dynamics Analyzer），它是在传统的激光多普勒测速基础上发展起来的新型测量系统。其基本原理是相位多普勒原理，实现了速度、粒径、密度的在线测量，是一种非接触式的绝对测量技术。其测量在线范围及精度见表 5 – 7。

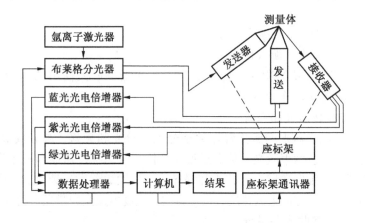

图 5 – 15　PDA 测量系统

图 5-16   射流参数测试现场

表 5-7   PDA 测量范围及精度

| 项　目 | 速　度 | 粒　径 | 密　度 |
|---|---|---|---|
| 测量范围 | $-500 \sim 500/(\mathrm{m \cdot s^{-1}})$ | $0.5 \sim 1000/\mu\mathrm{m}$ | $0 \sim 1012/(个 \cdot \mathrm{m^{-3}})$ |
| 测量精度/% | 1 | 4 | 30 |

1. PDA 系统组成部分

1）激光光源（图 5-17）

PDA 系统的激光光源为氩离子激光器，最大输出功率为 5 W，激光功率连续可调。

2）传输光路系统

从激光器来的激光经布莱格分光器分光和频移，被分成绿、蓝、紫三色六束激光，然后通过光纤传送至二维发送器和一维发送器。二维发送器发送蓝光和绿光，一维发送器发送紫光。绿光测量粒子 $x$ 方向上的速度，$y$、$z$ 方向的速度由蓝光和紫光来测量。

3）接收光路系统

来自颗粒的散射光通过接收光路系统聚集、滤波并放大，然后传送到信号处理器。

图 5-17 PDA 激光光源产生器

4）信号处理器

增强型信号处理器对被测粒子的粒径和三维速度同时进行分析处理。

5）计算机

计算机发出控制信号，控制三维自动坐标架的移动，并接收信号处理器的信号，显示测量结果。

6）三维自动坐标架

三维自动坐标架由计算机控制，使激光聚集点作三维移动。

2. PDA 的工作原理

1）速度大小的测量

当具有相同波长的两束相干光聚焦于一点时，在该点附近的一个小区域内将产生一组干涉条纹，条纹的方向与两束入射光的角平分线平行（图 5-17）。设干涉条纹的间距为 $d$，光线 1 与光线 2 的夹角为 $2\theta_g$，则由式（5-7）可知：

$$d = \frac{\lambda}{2\sin\theta_g} \qquad (5-7)$$

式中　$\lambda$——入射光的波长；

$\theta_g$——入射光束的夹角。

粒子在垂直于干涉条纹方向上以速度 $U_L$ 穿过条纹时，其散射光强将以式（5－8）的频率变化。因此，只要测得光强的变化频率 $f_d$，就可以求得粒子垂直穿过干涉平面的速度 $U_L$。

$$f_d = \frac{U_L}{d} = \frac{2U_L}{\lambda}\sin\theta_g \qquad (5-8)$$

2）速度方向的确定

当激光源远离观察者时，观察者接收到的光源的频率将增高，当激光源接近观察者时，观察者接收到的光源的频率将减小，这就是多普勒效应。PDA 系统利用多普勒效应来识别颗粒的运动方向。

3）粒径的测量

在接收器中，两个探测器从不同的角度接收粒子的散射光，两探测器收到的信号具有相同的频率，但是由于它们的空间位置不同，使得多普勒信号到达探测器的时间存在时间差 $\Delta t$，即两探测器接收到的信号存在一个相位差，如式（5－9）所示（其中，$\omega$ 为光波角频率）：

$$\Phi_{12} = 2\pi\omega\Delta t \qquad (5-9)$$

相位差 $\Phi_{12}$ 的大小依赖于颗粒的直径 $D_L$，因此，求出 $\Phi_{12}$ 后，便可求出 $D_L$。

在实测中，很难保证颗粒为理想的球形。PDA 系统采用三个探测器同时采集信号，由 1、2 探测器之间的相位差 $\Phi_{12}$ 和 1、3 探测器之间的相位差 $\Phi_{13}$ 共同决定颗粒的尺寸。这样不但增大了测量范围，提高了测量灵敏度，而且能够对非球形颗粒进行测量。

### 5.6.3　射流参数的测量

1. 测点布置

由于雾滴的速度、粒径、密度分布都会影响射流对粉尘的捕集效率，所以使用射流参数测试系统对这些参数进行测量。同时对已经优化的喷嘴在进水压力为 12 MPa 时喷出的射流进行了测量。

喷嘴喷出的水雾呈圆锥形，根据其轴对称性，我们只需测量半个水平截面上的雾滴参数就行了（如图 5 – 18 阴影部分）。测点沿喷雾的轴线方向每隔一段距离移动一次，在每一个半径上取若干个测点。测点的布置如图 5 – 19 所示。当采样时间达到 2 min 或采到的雾滴数达到 3000 个时，结束采样工序。实验除个别测点外，大多数测点都能在 2 min 之内采到 1000 个以上的雾滴样本。$U$、$V$、$W$ 分别为雾滴在 $X$、$Y$、$Z$ 三个方向上的速度分量；$X$ 为水雾喷射方向。

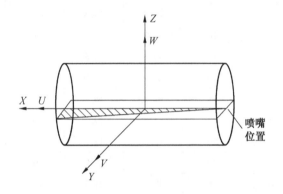

图 5 – 18　测量截面示意图

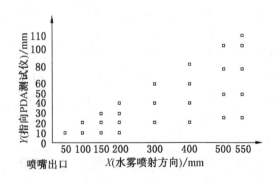

图 5 – 19　测点布置示意图

2. 实验结果

表 5－8 是经过计算机处理的实验结果。根据表中数据，可以得到三个坐标方向的速度分布图（图 5－20 至图 5－22）和粒径分布（图 5－23）。

表 5－8    雾滴的速度及粒径分布

| 测点序号 | 测点 $X$ 坐标/ mm | 测点 $Y$ 坐标/ mm | $X$ 方向速度 $U$/ ($m \cdot s^{-1}$) | $Y$ 方向速度 $V$/ ($m \cdot s^{-1}$) | $Z$ 方向速度 $W$/ ($m \cdot s^{-1}$) | 粒径 $D_L$/ $\mu m$ |
|---|---|---|---|---|---|---|
| 1 | 50 | 0 | 79.8 | 13.5 | －0.5 | 31.6 |
| 2 | 50 | 10 | 55.2 | 20.1 | －1.3 | 20.6 |
| 3 | 100 | 10 | 40.4 | 16.8 | －0.6 | 24.8 |
| 4 | 100 | 20 | 23.2 | 14.0 | －1.8 | 22.3 |
| 5 | 150 | 0 | 57.2 | 16.2 | 2.7 | 31.0 |
| 6 | 150 | 10 | 34.8 | 19.3 | －0.1 | 25.1 |
| 7 | 150 | 20 | 18.5 | 12.8 | －1.6 | 24.2 |
| 8 | 150 | 30 | 12.1 | 6.4 | －0.7 | 27.4 |
| 9 | 200 | 0 | 49.9 | 21.8 | －2.3 | 31.3 |
| 10 | 200 | 10 | 37.0 | 17.8 | －0.8 | 24.5 |
| 11 | 200 | 20 | 23.0 | 12.9 | －2.0 | 23.0 |
| 12 | 200 | 30 | 15.7 | 9.8 | －0.4 | 24.4 |
| 13 | 200 | 40 | 9.2 | 4.5 | 0.2 | 24.4 |
| 14 | 300 | 0 | 38.2 | 15.8 | －0.9 | 33.5 |
| 15 | 300 | 20 | 28.2 | 15.0 | －1.2 | 26.6 |
| 16 | 300 | 40 | 15.2 | 7.6 | －2.5 | 23.8 |
| 17 | 300 | 60 | 5.5 | 2.4 | －0.6 | 27.8 |
| 18 | 400 | 0 | 30.2 | 13.3 | －1.0 | 33.0 |
| 19 | 400 | 20 | 25.2 | 14.4 | －0.94 | 30.2 |
| 20 | 400 | 40 | 15.6 | 8.3 | －1.1 | 26.9 |
| 21 | 400 | 60 | 9.4 | 3.8 | －1.7 | 26.8 |

表 5-8（续）

| 测点序号 | 测点 $X$ 坐标/mm | 测点 $Y$ 坐标/mm | $X$ 方向速度 $U$/ (m·s⁻¹) | $Y$ 方向速度 $V$/ (m·s⁻¹) | $Z$ 方向速度 $W$/ (m·s⁻¹) | 粒径 $D_L$/ μm |
|---|---|---|---|---|---|---|
| 22 | 400 | 80 | 3.6 | 0.1 | -0.7 | 29.9 |
| 23 | 500 | 0 | 23.5 | 12.4 | -1.8 | 31.7 |
| 24 | 500 | 25 | 22.9 | 12.0 | -1.4 | 29.4 |
| 25 | 500 | 50 | 14.6 | 7.3 | -1.9 | 26.2 |
| 26 | 500 | 75 | 7.8 | 2.3 | -1.3 | 26.0 |
| 27 | 550 | 0 | 22.9 | 12.9 | -1.3 | 31.7 |
| 28 | 550 | 25 | 21.2 | 11.5 | -0.893 | 29.7 |
| 29 | 550 | 50 | 17.6 | 8.9 | -0.994 | 28.3 |
| 30 | 550 | 75 | 10.8 | 4.4 | -0.778 | 26.5 |
| 31 | 550 | 110 | 3.2 | -0.2 | -0.75 | 26.9 |

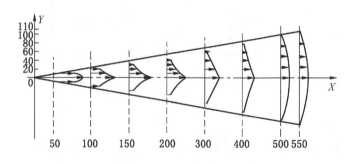

图 5-20 $X$ 方向的速度分布图

从表 5-8 和图 5-20 至图 5-23 来看，雾滴在 $X$ 方向上的速度最大，平均在 30 m/s 左右，$Z$ 方向上的速度最小，几乎为零；粒径 $D_L$ 的分布比较均匀，其平均值为 27.0 μm。

一般认为，引射除尘器的雾滴速度应控制在 20~30 m/s 以上，雾滴直径应控制在 20~50 μm 范围以内。实验结果表明引射除尘器的设计满足这个要求。

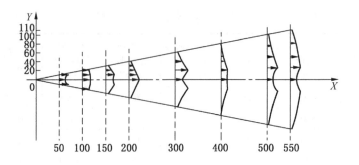

图 5 - 21　Y 方向的速度分布图

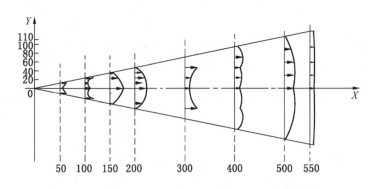

图 5 - 22　Z 方向的速度分布图

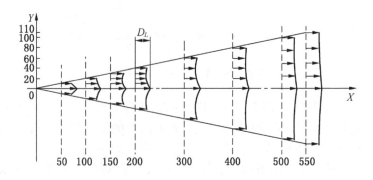

图 5 - 23　粒径分布图

## 5.7 引射除尘技术在综放工作面的应用研究

### 5.7.1 放煤口引射除尘器安装位置的确定

将引射除尘器安装在放顶煤液压支架，放煤口位于支架掩护梁上。工作面为双输送机，前输送机在顶梁下面，后输送机在掩护梁下面，一前一后分别输送采煤机的落煤和放落的顶煤。前输送机紧邻人行道，为了保证工作人员的安全，不易在其上方安装除尘器；立柱之间有许多管线，还有控制阀，也不易安装除尘器。而放煤口位于掩护梁上，并且掩护梁下方空间较大，不是人员的主要通道。因此，把除尘器设置在掩护梁上，后输送机的上方。除尘器不能挡住放煤口，应安装在天窗外侧。制约除尘器总长度的主要因素为输送机上的堆煤高度、吸尘口位置和输送机位置。引射除尘器长度的具体数值，还要根据具体的放煤支架来确定。图 5-24 为引射除尘器安装位置示意图。

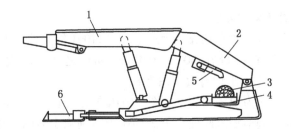

1—顶梁；2—掩护梁；3—煤；4—后输送机；5—引射除尘器；6—后输送机

图 5-24　引射除尘器安装位置

### 5.7.2 放煤口引射除尘器的设计原则

引射除尘器在提高除尘效率的前提下，应尽可能实现小型化，制作、搬运、拆装等均要方便。为提高引射除尘器的除尘效率，应吸收并净化滚筒割煤时产生的涡旋风流。引射除尘器应方便现场工人操作并具有较高的可靠性，如可以将喷嘴选用耐磨陶瓷芯和坚固外壳保护，减少喷嘴堵塞，经得起大块煤矸碰砸，更换喷嘴方便，提高使用寿命。

### 5.7.3　引射除尘器的液气比

现场实验在郑煤集团超化煤矿进行。在井下试验之前，先作了引射除尘器的液气比测量。表5-9给出了每个引射除尘器在不同压力下的吸风量和耗水量的测量结果。从表中可以看出，引射除尘器的液气比很小，满足设计要求。每个引射器除尘耗水量在7.1 L/min以下，也满足总耗水量小于50 L/min的要求。

表5-9　引射除尘器液气比数据表

| 压力/MPa | 耗水量/(L·min⁻¹) | 吸风量/(m³·min⁻¹) | 液气比 |
|---|---|---|---|
| 10 | 385 | 960 | 1 : 2494 |
| 12 | 532 | 1050 | 1 : 1972 |
| 14 | 710 | 1274 | 1 : 1793 |

### 5.7.4　井下实验系统

井下现场实验在郑煤集团超化煤矿11091综采放顶煤工作面进行。工作面风量在800 ~ 1896 m³/min之间，最大风速为3.7 m/s，工作面平均有效面积为8.5 m²。

图5-25为现场实验系统图。液压支架工作时，开启截止阀和高压泵，调节溢流阀使压力表的压力达到除尘器的工作压力。当除尘器正常工作时，开启粉尘采样器采集上下风侧的粉尘样本，并从流量计读取除尘器的耗水量。

试验使用XRB2B(A)型乳化泵，额定工作压力为20 MPa，额定流量为80 L/min。所用粉尘采样器为AFQ-20A型粉尘采样器，采样流量为20 L/min。

### 5.7.5　引射除尘器的除尘率

井下实验的内容是检测引射除尘器开启前后放煤口附近的粉尘浓度的变化。粉尘采样点布置在与放煤口相距5 m的上下风侧，图5-26是粉尘采样点的布置图。

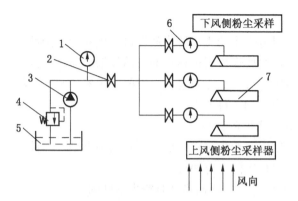

1—压力表；2—截止阀；3—高压泵；4—溢流阀；5—水源；

6—流量计；7—引射除尘器

图5-25 现场实验系统简图

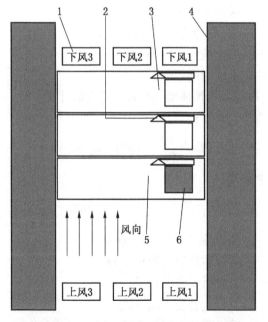

1—粉尘采样捕集器；2—引射除尘器；3—未放煤液压支架；

4—煤壁；5—放煤液压支架；6—放煤口

图5-26 粉尘采样点布置图

1. 测点布置

由于引射除尘器主要解决放煤口除尘问题，因此测量重点是引射除尘器对放煤口附近粉尘的防治效果。测量根据工作面生产状况分两次进行。测点布置在与引射除尘器相距 5 m 的上下风侧的放煤口附近和人行道上。

2. 粉尘密度的计算

由于使用的粉尘采样预捕集器有两种类型，因此，粉尘密度的计算方法相应的也有两种。

1）使用全尘式预捕集器时粉尘密度的计算

$$T_Z = \frac{f_2 - f_1}{Q \cdot t} \times 1000 \ (\text{mg/m}^3) \tag{5-10}$$

式中　$T_Z$——总粉尘密度，$\text{mg/m}^3$；

　　　$f_1$——采样前滤膜的质量，mg；

　　　$f_2$——采样后滤膜的质量，mg；

　　　$Q$——采样流量，L/min；

　　　$t$——采样时间，min。

2）使用冲击式预捕集器时粉尘密度的计算

呼吸性粉尘密度：

$$R = \frac{f_2 - f_1}{Qt} \times 1000 \ (\text{mg/m}^3) \tag{5-11}$$

总粉尘密度：

$$T_Z = \frac{(G_2 - G_1) + (f_2 - f_1)}{Qt} \times 1000 \ (\text{mg/m}^3) \tag{5-12}$$

式中　$R$——呼吸性粉尘密度，$\text{mg/m}^3$；

　　　$f_1$——采样前滤膜的质量，mg；

　　　$f_2$——采样后滤膜的质量，mg；

　　　$T_Z$——总粉尘密度，$\text{mg/m}^3$；

　　　$G$——采样前冲击板的质量，mg；

　　　$Q$——采样流量，L/min；

　　　$t$——采样时间，min。

3. 测量结果

表5-10是井下实验的测量结果。如果不安装引射除尘器，放煤口产生的粉尘被基础风流带到下风侧，下风侧的粉尘浓度将高于上风侧。但是由于引射除尘器的除尘作用，下风侧的粉尘浓度较上风侧有了明显的降低。表5-10中的除尘率是按式（5-13）计算得出：

$$除尘率 = \frac{上风侧粉尘浓度 - 下风侧粉尘浓度}{上风侧粉尘浓度} \times 100\% \quad (5-13)$$

由于下风侧水雾较大，粉尘样品所含水分影响了除尘率的准确性。扣除10%的水分影响，估计实际除尘率在57%。

表5-10 井下测量结果

| 采样位置 | 上风侧粉尘浓度/（mg·m⁻³） | | 下风侧粉尘浓度/（mg·m⁻³） | | 除尘率/% | | 备注 |
|---|---|---|---|---|---|---|---|
| | 总粉尘 | 呼吸性粉尘 | 总粉尘 | 呼吸性粉尘 | 总粉尘 | 呼吸性粉尘 | |
| 1 | 198.8 | 113.8 | 98.6 | 57.4 | 50.4 | 49.6 | 三个引射除尘器同时开启 |
| 2 | 119.8 | 57.5 | 46.7 | 24.2 | 61.0 | 57.9 | |
| 3 | 585.0 | 390.0 | 61.3 | 35.0 | 89.5 | 91.0 | |

## 5.8 引射除尘器的结构优化

在初步实验的基础上，可以得出影响吸风量系数的主要因素有进水压力、喷嘴结构、引射筒直径以及喷嘴的安装位置等。喷嘴结构考虑两个因素，一个是喷嘴外壳参数 $T$，另一个是旋芯出水口直径 $D$（图5-27）。进水压力和引射筒直径取3个水平，其余因素取4个水平。若按常规做实验，需做576次实验，但是使用正交实验设计方法，只需16次实验就可以全面掌握实验状况。

实验测量引射筒进气口处的负压大小。实验指标是引射筒的吸风量。显然，在其他条件相同的情况下，吸风量越大除尘效率越高。

表 5 - 11 是实验的因素水平表，表 5 - 12 是实验的结果与分析。图 5 - 27 是根据表中结果绘出的各因素与吸风量的关系图。

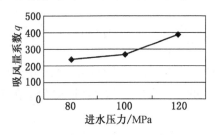

图 5 - 27　进水压力与吸风量系数的关系

表 5 - 11　试验因素水平表

| 水平＼因素 | 进水压力 $A$/MPa | 旋芯出水直径 $B$/mm | 喷嘴外壳参数 $T$/mm | 引射筒直径 $D$/mm | 喷嘴位置 $E$/mm |
|---|---|---|---|---|---|
| 1 | 12 | 1.0 | 1.0 | 100 | 225 |
| 2 | 10 | 1.5 | 1.5 | 120 | 325 |
| 3 | 8 | 2.0 | 2.0 | 130 | 425 |
| 4 | 12 | 2.5 | 2.5 | 100 | 525 |

表 5 - 12　试验结果分析表

| 试验号＼因素 | 进水压力 $A$/MPa | 旋芯出水口直径 $B$/mm | 喷嘴外壳参数 $T$/mm | 引射筒直径 $D$/mm | 喷嘴位置 $E$/mm | 测量负压 $F$/MPa | 吸风量系数 $q$ |
|---|---|---|---|---|---|---|---|
| 1 | 1 | 1 | 1 | 1 | 1 | 14 | 374.2 |
| 2 | 1 | 2 | 2 | 2 | 2 | 26 | 734.3 |
| 3 | 1 | 3 | 3 | 3 | 3 | 2 | 239.0 |

表 5-12（续）

| 因素<br>试验号 | 进水压力 A/MPa | 旋芯出水口直径 B/mm | 喷嘴外壳参数 T/mm | 引射筒直径 D/mm | 喷嘴位置 E/mm | 测量负压 F/MPa | 吸风量系数 q |
|---|---|---|---|---|---|---|---|
| 4 | 1 | 4 | 4 | 4 | 4 | 2 | 149.4 |
| 5 | 2 | 1 | 2 | 3 | 4 | 2 | 203.6 |
| 6 | 2 | 2 | 1 | 4 | 3 | 4 | 200.0 |
| 7 | 2 | 3 | 4 | 1 | 2 | 6 | 244.9 |
| 8 | 2 | 4 | 3 | 2 | 1 | 8 | 407.3 |
| 9 | 3 | 1 | 3 | 4 | 2 | 2 | 141.4 |
| 10 | 3 | 2 | 4 | 3 | 1 | 6 | 414.0 |
| 11 | 3 | 3 | 1 | 2 | 4 | 2 | 203.6 |
| 12 | 3 | 4 | 2 | 1 | 3 | 4 | 200.0 |
| 13 | 4 | 1 | 4 | 2 | 3 | 2 | 203.6 |
| 14 | 4 | 2 | 3 | 1 | 4 | 4 | 200.0 |
| 15 | 4 | 3 | 2 | 4 | 1 | 54 | 734.8 |
| 16 | 4 | 4 | 1 | 3 | 2 | 8 | 478.0 |
| $q_{j1}$ | 388.2 | 230.7 | 314.0 | 279.6 | 482.6 | | |
| $q_{j2}$ | 264.0 | 387.1 | 468.2 | 387.2 | 399.7 | | |
| $q_{j3}$ | 239.8 | 355.6 | 246.9 | 333.7 | 210.7 | | |
| $q_{j4}$ | | 306.7 | 251.0 | | 187.2 | | |
| $R_j$ | 148.4 | 156.4 | 221.3 | 54.1 | 295.5 | | |
| 优水平 | 1 | 2 | 2 | 2 | 1 | | |
| 主次因素 | $E-C-B-A-D$ | | | | | | |
| 最优组合 | $A_1+B_2+C_2+D_2+E_1$ | | | | | | |

表 5-12 表明，引射筒直径（因素 $D$）对吸风量的影响不大，该因素最优水平和最坏水平的差值只有 54.1，而其他因素的差值都在 148 以上。而喷嘴的安装位置（因素 $E$）对吸风量的影响最大，其最优水平和最坏水平的差值达到 295.5。

图 5 –27 至图 5 – 31 可以看出各因素与吸风量的关系。图 5 –27 表明，进水压力越大，吸风量就越大；图 5 – 28 和图 5 –29 表明，当旋芯出水口直径与喷嘴外壳参数 $T$ 都为 1.5 mm 时，吸风量最大；图 5 –30 表明，引射筒直径对吸风量的影响不大；图 5 –31 表明，喷嘴的安装位置（因素 $E$）对吸风量的影响显著。由于喷嘴离吸风口越远，引射筒的喷雾段就越短，所以吸风量就越小。

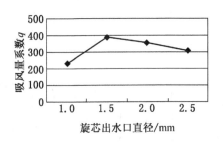

图 5 –28　旋芯出水口直径与吸风量系数的关系

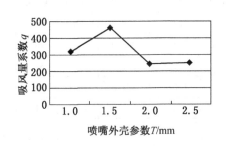

图 5 –29　喷嘴外壳参数与吸风量系数的关系

因此，依据表 5 –12，引射除尘器最优组合为 $A_1 + B_2 + C_2 + D_2 + E_1$，即进水压力为 12 MPa，喷嘴旋芯出流口直径 $D$ 和喷嘴外壳参数 $T$ 均为 1.5 mm，引射筒直径为 120 mm，喷嘴位于距引

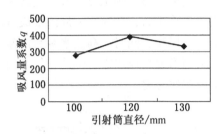

图 5-30　引射筒直径与吸风量系数的关系

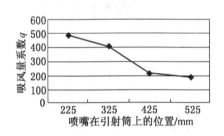

图 5-31　喷嘴位置与吸风量系数的关系

射除尘器进气口 225 mm 处。

## 5.9　引射除尘器的数值模拟分析

### 5.9.1　喷嘴的数值模拟研究

内旋子式喷嘴由喷嘴外壳和内部旋芯两个部分组成，如图 5-32 所示，其中图 5-32a 为喷嘴的整体结构，图 5-32b 为喷嘴的外壳和旋芯结构。旋芯外表面有螺旋槽，中心开有直通孔，当外部高压水进入喷嘴时，分成几股水流，一股沿直通孔前进，其他几股水沿着螺旋沟槽旋转前进，从而增加水流的紊流度。这几股水流在喷嘴出口处的锥形混合区内相遇并混合，此时由于水流内部湍流作用以及外部气体的扰动，加之液体表面的张力等作用下使水流破碎、变形，形成圆锥形水雾，这就是液体的初次雾化；高速水雾由喷嘴喷出后，会在喷嘴周围形成负压，而吸入周围的空气，形成引射风流，同时，高速水雾与低速空气之间存在很大的速度差，从而形成高速水雾与低速空气之间的复合涡流运动，完成液体的第二次雾化。

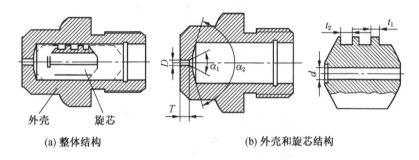

(a) 整体结构　　　　　　　(b) 外壳和旋芯结构

图 5-32　内旋子喷嘴的结构简图

1. 流场的建模过程

1）网格划分

采用 ICEM CFD 来进行网格划分，如图 5-33 所示。运用四面体的非结构网格对该模型进行划分，并采用疏密结合的划分方式，对喷嘴的部分区域进行加密处理，最后对整体网格进行质量优化，使其质量达标，网格的基本信息如下所述：

（1）喷嘴的轴向为 $z$ 轴，即水流的方向也为 $z$ 轴的正方向；

（2）对螺旋槽、喷嘴出口及内部直通道部分进行轴向局部加密；

（3）由于液体紧贴壁面从喷嘴出口旋转射出，将喷嘴出口段靠近壁面的区域进行了径向的单元体加密。

（4）经过网格划分后，网格数量为 649227，网格节点为148431，质量达标。

2）求解器和计算模型的设置

本试验研究的是内旋子式喷嘴的不可压、两相流问题，因此

图 5 – 33    喷嘴水流道非结构网格图

选用基于压力的分离式求解器，且 PISO 算法对非定常流动问题或者包含比平均网格倾斜度更高的网格适用，故压力 – 速度耦合算法采用 PISO 算法。

在多相流模型中选择 VOF 模型，另外，由于该内旋子喷嘴，应变率大，流线弯曲的程度较大，且有旋转、分离等现象的存在，故在湍流模型上选用 $RNG\ k - \varepsilon$ 模型，其湍动能 $k$ 和湍流耗散方程 $\varepsilon$ 分别如式（5 – 14）、式（5 – 15）所示：

$$\frac{\partial}{\partial t}(\rho k) + \frac{\partial}{\partial x_i}(\rho k u_i) = \frac{\partial}{\partial x_j}\Big[\alpha_k \mu_{eff}\frac{\partial k}{\partial x_j}\Big] + C_k + G_b - \rho\varepsilon - Y_M + S_k$$

$$(5 – 14)$$

$$\frac{\partial}{\partial t}(\rho\varepsilon) + \frac{\partial}{\partial x_i}(\rho\varepsilon u_i) = \frac{\partial}{\partial x_j}\Big[\alpha_\varepsilon \mu_{eff}\frac{\partial\varepsilon}{\partial x_j}\Big] + C_{1\varepsilon}\frac{\varepsilon}{k}(G_k + G_{3\varepsilon}G_b) -$$

$$C_{2\varepsilon}\rho\frac{\varepsilon^2}{k} - R_\varepsilon + S_\varepsilon \qquad (5 – 15)$$

式中          $G_k$——由层流速度梯度而产生的湍动能项；

              $G_b$——由浮力产生的湍动能项；

              $Y_M$——在可压缩流动中，湍流脉动膨胀到全局流程中对耗散率的贡献项；

$C_1$、$C_2$、$C_3$——常数项；

$\alpha_k$、$\alpha_\varepsilon$——$k$ 方程和 $\varepsilon$ 方程的湍流 Prandtl 数；

$S_k$、$S_\varepsilon$——用户定义的湍动能项和湍流耗散率项。

3）边界条件的设置

水流入口边界条件：压力入口，入口总压设置为 8 MPa，且设置水流相为 1，表示压力入口 100% 为水的进入。

气体入口边界条件：压力入口，入口总压为 0。

出口边界条件：压力出口，出口总压设置为 0 MPa，即一个大气压，表示流体介质可以随意进出，且回流体积分数中水流项设为 0，意为回流中水的体积分数为 0，水都从出口流出。

2. 模拟结果分析

为了深入了解喷嘴内部流场的特点及其工作情况，我们从气液两相分布情况、速度特性、压力特性三个方面来分析。

1）气液两相分布情况

因为液体在喷嘴的螺旋槽中旋转前进，为了便于观察，选择 $x = 0$ 截面来进行观察分析。

图 5 – 34 给出了不同时间段内液体在空气域中的流动情况和 $x = 0$ 截面的气液两相分布云图。可以清楚地观察到，高压液体从喷嘴的入口处进入喷嘴后，分成三股水流，其中两股沿螺旋槽旋转前进，一股沿中心的直通孔前进。直通孔射出的水流首先到达锥形混合室，形成射流现象，随着时间的增加，旋转的水流也到达喷嘴出口前段的锥形混合室，几股水流相互混合，由于旋转水流的加入，混合室内的水流由直射流变为具有切向速度的旋转雾流，最后由喷嘴出口喷出。

为了分析气液两相的变化过程，先取 $t = 0.91$ s 时分析，该时间内没有旋转水流的介入，而射流现象得到充分发展，如图 5 – 35 所示，根据射流破碎理论，将射流的液相部分分成四段，即紧密段、核心段、破裂段和水滴段。

紧密段靠近直通孔出口，当射流离开直通孔一段距离后，仍保持初始喷射速度，所以处于紧密状态，在锥形混合室中推动气

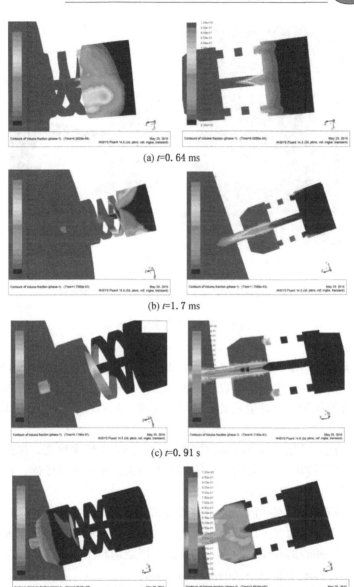

(a) $t$=0.64 ms

(b) $t$=1.7 ms

(c) $t$=0.91 s

(d) $t$=3.8 s

图 5-34　不同时刻喷嘴内气液两相分布情况

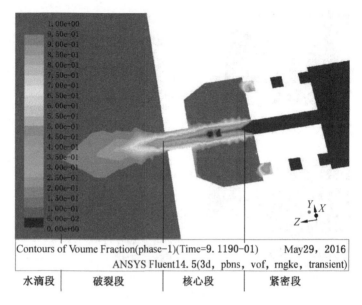

Contours of Voume Fraction(phase-1)(Time=9. 1190-01)　　May29，2016
ANSYS Fluent14. 5(3d, pbns, vof, rngke, transient)

| 水滴段 | 破裂段 | 核心段 | 紧密段 |

图 5 – 35　射流的基本结构图

体前进，由于其与空气之间所形成的边界面之间存在着极大的速度差，从而产生一个垂直于射流轴心方向的力，在力与液体内部湍流的作用下，发生质量与动量的交换，从而在射流的外表面产生波纹。

核心段是紧密段的继续发展部分，仍处于紧密状态，保持原有的喷射速度，只是由于波纹的不断加大，液注不断破碎，使得紧密段直径不断缩小。

破裂段和水滴段是射流破碎成液滴的基本段，由于气动力、惯性力和表面张力以及极大速度差的作用下，液注破碎形成大的水块，随着离开喷嘴距离的增加，水团逐渐减小，最终全部变为水滴，形成水滴与空气的混合物或雾化。

观察图 5 – 34 中 $t = 3.8$ s 的分布云图可以看出，射流的紧密段和核心段随着旋转水流的加入渐渐缩短，而且在整个混合室中也没有较大的水柱或者水块出现，这是由于螺旋槽中的旋转水流进入混合室后，在没有螺旋槽内壁的作用力下，继续向前运动，该部分水流一边在压缩混合室空气时，由于与空气之间存在着极大的速度差而产生摩擦力，使水流被撕裂，另一边与混合室的内壁发生碰撞，致使水流发生破裂，形成小的液体微团，这些小的液体微团向四周扩散，到达混合室的中心部分时，又与原有的射流发生混合、碰撞，两股水流发生复杂的能量与动量交换，致使水流进一步雾化。所以在混合室内，水流已经达到很好的雾化质量，即形成了高速锥状的雾流。

水流自喷嘴入口进入后的流动迹线图如图 5-36 所示，从图中可以很明显地看出水流在螺旋槽中的旋转现象和直通孔中的直射现象。

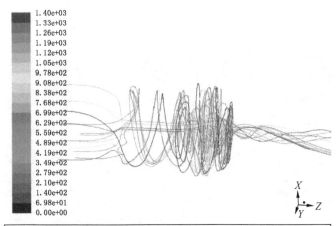

图 5-36  喷嘴流动迹线图

2）压力特性

图 5-37 为喷嘴轴向剖面（$x=0$ 截面）压力分布云图，从

图中可以看出水流流动过程中产生的压力梯度现象。为了能更好地说明水流在喷嘴不同部位的压力情况，选取了沿 $Z$ 轴方向平行的三条线段，如图 5 -38 所示中的三条线段。再分别绘制出这三条线段的压力数值分布曲线，如图 5 -39 所示，其中，-4.5 ~ 2.5 mm 段为喷嘴入口段，2.5 ~ 9.5 mm 段为旋流段和直流段，9.5 ~17 mm 为混合室段，17 mm 以后为喷嘴出口段，从图中可以看出，喷嘴在轴向上产生压力损失的部位主要为入口处，螺旋槽和喷嘴出口部分。水流由喷嘴入口进入时，由于流通面积大，流速较慢且稳定，基本上不产生压力损失；在入口段与螺旋槽、直通孔的过渡部分，由于流通截面骤减，水流速度增加，此时水流内部的压力耗散加剧，从曲线图中可以看出刚进入螺旋槽中的压力要比直通孔中的大，这是由于直通孔的截面面积较小，压力损失较大，在实际中，水流与壁面的碰撞与摩擦也会加剧压力的损失；在直通孔中，由于流道截面不变，流速稳定，压力

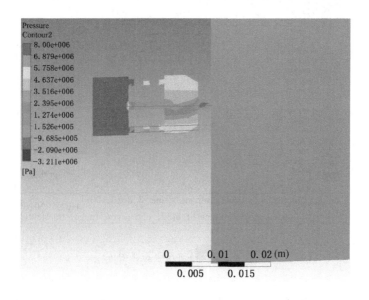

图 5 -37 喷嘴轴向剖面（$x = 0$ 截面）压力分布云图

基本不产生变化，而在螺旋槽中，由于该处流线的曲率大，弯曲螺旋严重，水在流动过程中与壁面碰撞而发生压力损失；在混合室与喷嘴出口处，由于流通截面的变小，压力损失严重。

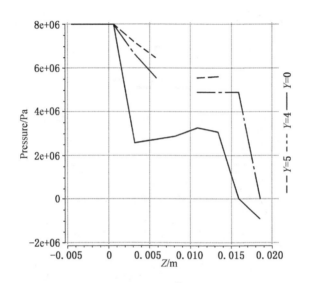

图 5 - 38　三条线段的压力数值分布曲线图

在混合室内，沿轴向看去其压力不发生损失，而在径向上发生了压力损失，如图 5 - 39a 所示的混合室径向剖面压力分布云图和图 5 - 40 所示其半径方向上的压力数值分布曲线。从图中可以看出，越靠近中心的部分，压力值越小，这是由于从螺旋槽出来的水流高速旋转，使得室中心的压力降低，同时，观察喷嘴出口的径向剖面压力分布如图 5 - 39b 所示，发现在喷嘴出口的中心部分具有负压的存在，正是负压和混合室中的压力梯度，使得喷嘴与外界空气相通，并在喷嘴中心处产生空气涡流。

3）速度特性

图 5 - 41 为喷嘴轴向剖面（$x = 0$ 截面）总速度分布云图，

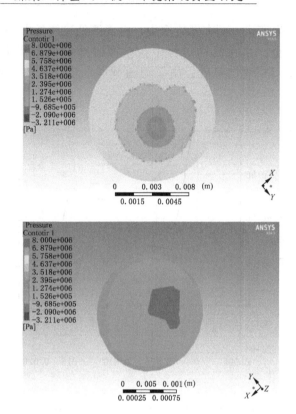

图5-39　混合室与喷嘴出口径向剖面压力分布云图

从图中可以看出，水流从喷嘴入口进入螺旋槽和直通孔时，速度增大，这是由于流通截面骤减，同时，从图中可以看出流入螺旋槽的速度小于直通孔的速度，这是由于直通孔的截面面积较小，转化的速度也大。为了研究喷嘴混合室、出口处各方向的速度分布情况，截取6条平行的样条线段，如图5-41所示，并得出它们沿半径方向的各速度分布曲线图。图5-42~图5-45分别为样条曲线上总速度、轴向速度、切向速度和径向速度分布曲线图。

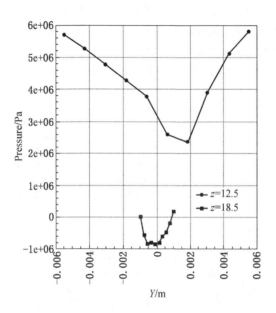

图 5 - 40　混合室和出口段沿半径方向压力分布曲线图

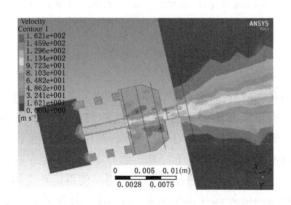

图 5 - 41　喷嘴 $x = 0$ 截面总速度分布云图

由图 5-42 的总速度分布曲线图可以看出，混合室与出口段的速度分布呈现出沿半径减小方向速度逐渐增大的趋势，水流在壁面的速度都接近于 0；沿 Z 轴方向上看，由于喷嘴出口面积的缩减，水流的速度逐渐增大，最大值达到 142 m/s。

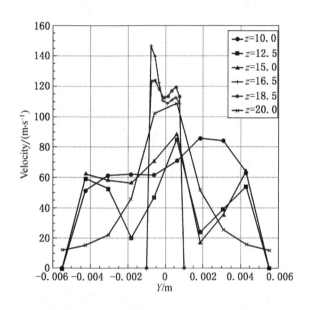

图 5-42　样条曲线总速度分布曲线图

由轴向速度分布图（图 5-43 和图 5-44）可以看出，在混合室中，沿半径方向上水的轴向速度随着半径的减小而逐渐增大，壁面的轴向速度接近于 0。在喷嘴出口段，沿半径方向上看，轴向速度的形状近似于"M"形分布，即水流存在着明显的低速区，这是由于水流的强烈卷吸作用，使得旋转流体中心压力降低，从而抽吸外部气体进入喷嘴内部，阻碍了中心水流的运动，而在其周围存在着最大速度。水流喷出后，一方面由于与空气间的速度差而发生动能传递，另一方面由于失去喷嘴内壁的作用力，向径向扩散，速度方向发生变化，其轴向速度分量转化为径向速度分量，而导致水流喷出后的轴向速度逐渐降低。最终发展为与普通圆射流的速度分布相似。

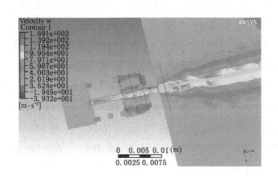

图 5-43　喷嘴 $x=0$ 截面轴向速度分布云图

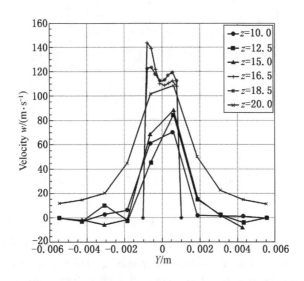

图 5-44　样条曲线轴向速度分布曲线图

　　由切向速度分布图（图5－45和图5－46）可以看出水流的切向速度分布近似"N"形分布，即水流的切向速度以中心为对称分布，两侧的切向速度方向相反。从半径方向上看，切向速度先随着半径的减小而有所增大，这在旋转水射流理论中称之为"势流旋转区"，简称"势涡"（在圆柱形旋流设备的周边，切向速度随半径的减少而不断增加的区域称为势流旋转区），其流体边界的液体速度为零；当压力降低到与喷嘴出口外的压力相等时，势流旋转区结束，由于流体黏性的作用，形成切向速度随着半径的减小而逐渐增大的"似固体区"，简称"涡核"，整个流体好比一块固体在旋转。水流喷出后，在切向速度的作用下，液体向四周扩散，并随着流体的发展，切向速度迅速衰减，离心作用也在变弱。

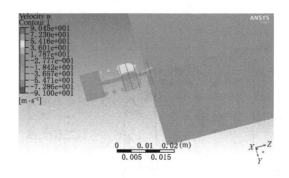

图5－45　喷嘴 $x=0$ 截面切向速度分布云图

　　由径向速度分布图（图5－47和图5－48）可以看出在混合室和出口段由于受到壁面的约束作用径向速度较小；水流由喷嘴喷出后，向四周扩散，轴向速度分量转变为径向速度分量，其径向速度迅速增加，而这在轴向速度分布图上有相应的体现，且其方向由中心指向壁面。

　　3. 结论

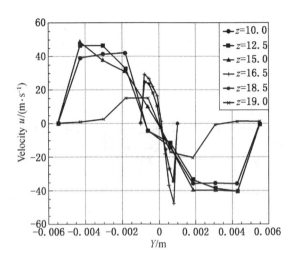

图 5-46  样条曲线切向速度分布曲线图

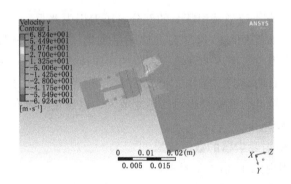

图 5-47  喷嘴 $x=0$ 截面径向速度分布云图

（1）在螺旋槽中的水流没有到达锥形混合室时，射流破碎现象得到充分的体现，等螺旋水流到达混合室时，几股水流相互混合、碰撞，加剧了水流的雾化。

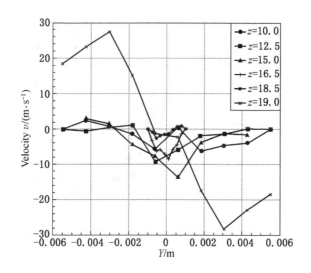

图 5-48　样条曲线径向速度分布曲线图

（2）在水流道截面骤减的部分，压力损失严重。

（3）水流的轴向速度在出口段呈现出"M"形分布，即在中心区出现空气灌入的现象；水流的切向速度呈现出"N"形分布，并具有明显的"势涡"和"涡核"现象。水流的径向速度在喷嘴内较低，而在喷出后，迅速增大，以满足水流向四周扩散的速度要求。

### 5.9.2　引射除尘器的数值模拟

1. 引射除尘器的三维建模

采用 Pro/E 对引射除尘器进行三维建模，在实际计算过程中，为减少计算量，方便网格划分，需对模型简化。由于研究着重于高压水从喷嘴射出进入引射筒后的流场的分析，故只需建立引射筒与喷嘴的模型。由文丘里效应可知，流体通过缩小的断面时，流速增大，流体附近产生低压，从而产生吸附作用。引射除尘器的空间极限尺寸为 1450 mm × 360 mm × 360 mm，为提高文丘里效应，含尘空气由集气罩进入引射筒时，引射筒直径应小于集气罩边长 360 mm，由于实验室试验的限制，将引射筒直径设为 80 mm、120 mm、160 mm，建立三组模型。将建好的三维模型导入 ICEM CFD，采用非结构网格划分，网格划分后的模型如图 5 - 49 所示。

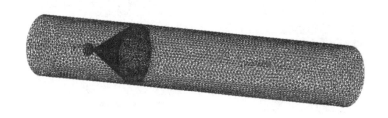

图 5 - 49    引射除尘器引射筒非结构网格图

将划分好的网格导入 Fluent，采用单一变量法，分析不同的射流速度 $v$、引射筒直径 $D$ 对含尘空气流量 $Q$ 的影响。在已有的实验室 PDA 测试系统试验中，测得射流速度为 3.2 ~ 79.8 m/s，故在 Fluent 模拟分析时射流速度 $v$ 分别取 30 m/s、50 m/s、70 m/s、90 m/s。

2. 射流速度对流场的影响

取引射筒直径为 120 mm，依次改变射流速度 30 m/s、50 m/s、70 m/s、90 m/s，得到流场内部的速度矢量分布如图 5 - 50 所示。

从图 5 - 50 可以观察到，不同的射流速度，会形成不同空气流速，但没有随着射流速度的增大而增大，而是呈现先增大后减小的趋势。断流面 A 处含尘空气的平均流速 $v_1$ 见表 5 - 13。

从表 5 - 13 可知，相同的引射筒直径，随着射流速度 $v$ 的增加，流速 $v_1$ 也增大，故应选择射流速度 $v$ 为 90 m/s。但由于实

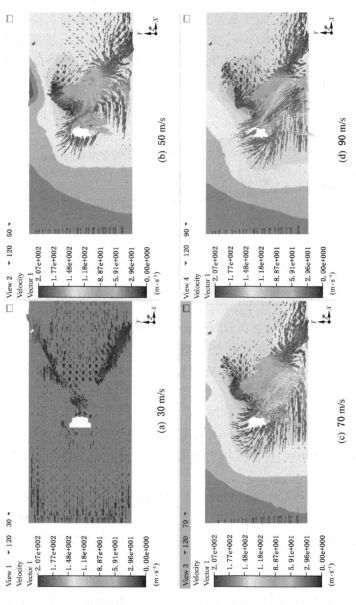

图 5－50 射流速度矢量分布图

表 5 – 13    断流面 A 处含尘空气平均流速                    m/s

| 射流速度 $v$ | 30 | 50 | 70 | 90 |
|---|---|---|---|---|
| 流速 $v_1$ | 12.9 | 24.9 | 25.8 | 26.5 |

际操作条件的限制，射流速度越大，对设备要求越高，而射流速度 $v$ 为 70 m/s 和 90 m/s 时流速 $v_1$ 变化不大，故选择射流速度 $v$ 为 70 m/s。

3. 引射筒直径对流场的影响

取射流速度 $v$ 为 70 m/s，引射筒直径 $D$ 分别取 80 mm、120 mm、160 mm，引射筒直径 $D$ 为 80 mm、160 mm 时速度矢量分布如图 5 – 51 和图 5 – 52 所示。

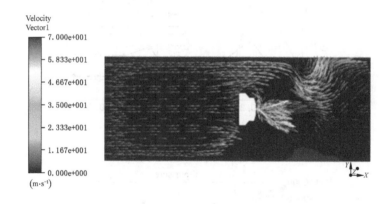

图 5 – 51    引射筒直径 80 mm 速度矢量分布图

由图 5 – 51 和图 5 – 52 观察可得，引射筒直径为 80 mm 与 160 mm 时的流场速度梯度变化不大，差值较小。为了能更好地说明不同位置的压力和速度情况，在三组模型的中心面上沿 X 轴方向选取中心线。

绘制出这三条直线的速度与压力数值分布曲线，如图 5 – 53、图 5 – 54 所示。

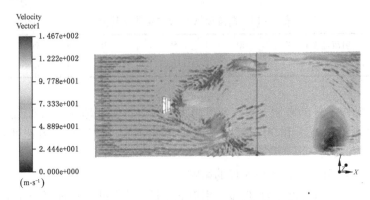

图 5－52　引射筒直径 160 mm 速度矢量分布图

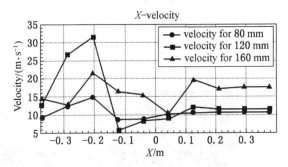

图 5－53　中心线的速度数值分布图

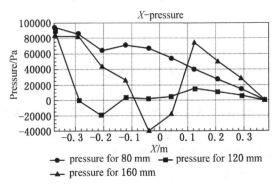

图 5－54　中心线的压力数值分布图

从图 5-53 可以看出，从断流面 A 的 $X = -370$ mm 处到断流面 B 的 $X = -250$ mm 处，直径为 120 mm 的气体速度基本上都大于直径为 80 mm 和 160 mm 的速度。由此可得出直径为 120 mm 时，含尘空气流速较大。

从图 5-54 可以看出，三条直线从相同的压力起点出发，从断流面 A 的 $X = -370$ mm 处到断流面 B 的 $X = -250$ mm 处，直径为 120 mm 的气体压力基本上都小于直径为 80 mm 和 160 mm 的压力，压差较大，更有利于含尘空气进入。断流面 A 处含尘空气的平均流速 $v$ 见表 5-14。

表 5-14 断流面 A 处含尘空气平均流速

| 引射筒直径 $D$/mm | 80 | 120 | 160 |
|---|---|---|---|
| 流速 $v$/(m·s$^{-1}$) | 14.6 | 25.8 | 14.1 |

分析表 5-14 得到，直径为 120 mm 时流速 $v$ 最大，但由于引射筒直径不同，需要分别计算出三个模型的流量进行比较。将三个流速分别代入公式 (5-15) 中得到 $Q_{80} = 0.074$ m$^3$/s，$Q_{120} = 0.292$ m$^3$/s，$Q_{160} = 0.284$ m$^3$/s。由此可知，当 $D$ 直径为 120 mm 时，断流面 A 的流量最大。

$$Q = v \cdot s \qquad (5-15)$$

式中 $v$——含尘空气的流速，m/s；

$s$——断流面截面积，m$^2$。

在实验室试验中得到，当射流速度 $v$ 为 70 m/s，引射筒直径 $D$ 为 120 mm 时，$X$ 轴方向上平均速度在 30 m/s 左右，断流面 A 的流量 $Q$ 为 0.21 m$^3$/s。而基于 Fluent 模拟得到的结果是流速 $v_1$ 为 25.8 m/s 与流量 $Q$ 为 0.292 m$^3$/s。由于实验室试验时存在空气对流等环境因素的影响，故误差可以忽略，经过对比，得出模拟结果基本上符合实际状况，所建立的 Fluent 模型基本上合理正确，优化的参数有效。

## 5.10　本章小结

从综采放顶煤开采工作面的现场降尘要求入手，开发研制出应用于综采放顶煤开采工作面的引射除尘器。该放煤口引射除尘器采用多头螺旋芯喷嘴结构，喷射出的水流呈细颗粒的雾状旋转涡流，可以使吸入的粉尘与水雾充分混合；在引射筒出口处采用弧形过渡反射板，减小了气、水、水尘混合体三相流阻力，并使其反射后向放煤口粉尘运动，起到二次降尘的作用。

同时设计了风速测试系统，对引射除尘器的引射筒的长度和直径、喷嘴安装位置、折流板的尺寸和形状等进行结构优化。设计了 12 种外壳与 14 种旋芯搭配组合，依据雾化角来优化外壳和旋芯的结构参数。选用 PDA 系统测量雾粒的速度、运动方向、雾粒大小、密度分布等，进一步优化引射除尘器各个相关参数，从而提高除尘效率。

该引射除尘器，直径为 102 mm 的引射筒，在压力 12 MPa 的情况下，单筒吸入空气量超过 0.21 $m^3$/s。经过对喷射出的水流进行动态的微观测试，该引射除尘器喷射出的水流在距喷嘴 50～500 mm 的引射吸尘筒内，呈雾状，雾粒直径为 20.6～33.5 mm，平均值为 27 mm，且均匀性好。

经过优化的引射除尘器在煤矿综采工作面进行了现场实验。工作面风量在 800～1896 $m^3$/min，最大风速为 3.7 m/s，工作面平均有效面积为 8.5 $m^2$，采样点布置在巷道的上、下风侧，测得平均降尘率为 70%。在同样的环境下，优化前的引射除尘器平均除尘率为 55%。

# 6　综采工作面人员安全培训研究

## 6.1　我国煤矿安全培训的特点

目前，我国煤矿安全培训具有以下特点：

1. 煤矿安全培训体系日趋完善

国家煤矿安全监察局从战略、全局和长远的高度，把安全培训确立为生产工作六大支撑体系之一，提出了全面推进煤矿全员培训及推进煤矿安全培训法制化、标准化的工作思路，且将煤矿安全培训体系分为四个等级：一级培训中心负责煤矿安全监察员、二级培训中心教师、矿务局（公司）局长（董事长、经理）及国家直属煤炭企业和外资煤炭企业的主要负责人的培训；二级培训中心负责各类煤矿主要负责人，三、四级培训中心教师的培训；三级培训中心主要负责煤矿特殊工种作业人员的培训；四级培训中心负责除以上人员外的培训（主要是新工人的培训）。

2. 煤矿安全培训的内容丰富

国家安全生产监督管理总局先后印发了煤矿安全监察员，生产经营单位主要负责人、安全生产管理人员及其他从业人员，农民工、煤矿从业人员，注册安全工程师继续教育等培训教学大纲，大纲详细规定了培训对象、培训目的、培训要求、培训内容、学时安排。

煤矿企业主要负责人具体培训内容：国家安全生产方针、政策和有关安全生产的法律、法规、规章及标准、煤矿安全生产形势、煤矿安全生产管理、煤矿地质与安全、露天煤矿开采安全、地下煤矿开采安全、地下煤矿"一通三防"安全管理、煤矿爆破安全、煤矿机电运输提升安全、煤矿事故应急管理、煤矿职业卫生、煤矿安全生产管理能力、重大危险源管理、重大事故防范、应急管理和救援组织以及事故调查处理的有关规定、职业危害及其预防措施、国内外先进的安全生产管理经验、典型事故和应急救援案例分析以及其他需要培训的内容。主要负责人学习内容相对宏观，更侧重安全生产专业知识的学习。

煤矿企业安全生产管理人员的培训内容：国家安全生产方针、政策和有关安全生产的法律、法规、规章及标准、煤矿安全生产形势、煤矿安全生产管理、煤矿地质与安全、露天煤矿开采安全、地下煤矿开采安全、地下煤矿"一通三防"安全管理、煤矿爆破安全、煤矿机电运输提升安全、煤矿事故应急管理、煤矿职业卫生、煤矿安全生产管理能力、伤亡事故统计、报告及职业危害的调查处理方法、应急管理、应急预案编制以及应急处置的内容和要求、国内外先进的安全生产管理经验、典型事故和应急救援案例分析以及其他需要培训的内容。安全生产管理人员更侧重安全生产管理和职业卫生方面的学习，学习内容更微观，更具体。安全生产管理人员的培训更接近生产实际。

煤矿企业从业人员的培训内容：煤矿安全生产法律法规、煤矿安全管理、露天煤矿开采安全、井工煤矿开采安全、职业病防治、事故应急处置、自救与创伤急救、现场参观与基本技能训练。

特种作业人员必须参加由国家认定的具有相关工种培训资格的培训机构组织的专门技术培训，经过考核合格，取得安全操作证后，方准上岗操作。

## 6.2 我国煤矿安全培训存在的主要问题

### 1. 培训观念存在误区

由于安全投入的效益回报具有滞后性，使很多企业主要负责人认为职工培训是一种支出，不能给企业带来经济效益，此外，我国安全生产的违法成本低于安全投入成本，尤其是小型煤矿表现得更加明显，很多企业为了节约运营成本而减少了安全投入。因此，企业主要负责人对安全培训的目的认识不明确，对培训工作的重要性认识不够，对安全培训的投入力度不足，造成安全培训的积极性主动性不高。部分员工安全观念淡薄，缺乏安全生产基本常识，对培训的根本认识存在偏差，"为培训而培训，为学习而学习"的被动学习心态非常突出，学习的积极主动性不高。

2. 培训体系不完善

安全培训是一个系统工程，其实施过程包括培训需求、培训计划、培训内容、培训对象、质量评估考核等体系。目前应加强安全培训的系统化工程。

3. 培训需求分析不精细

目前，许多煤矿企业在组织安全培训前根本没有进行规范科学的培训需求分析，安全培训内容的确定主要还是依据经验和员工职级而设置，缺乏系统化、体系化，达成效果的随机性过强。培训需求识别不够精细，会使得培训缺少针对性，降低培训效果；在培训结束后不能对各种不同的培训及时反馈意见，无法进行培训的效果评估。

4. 培训计划不够合理

在国家政府部门的重视下，大多数企业每年都要制订安全培训计划，并提交到有关机构审批通过，但是多数安全培训计划只流于形式，为了审批而计划，安全生产培训方式单一、内容陈旧、手段落后和评估不合理，无法满足新形势下煤矿企业安全生产的实际需求。

5. 培训内容缺少针对性

不少企业的安全培训的内容单调、陈旧，脱离生产实际，缺少针对性和实用性。安全培训的教材应根据现行的法律、法规以及现场的实际情况进行及时修订。

6. 培训方式不灵活

目前培训以课堂教学为主，缺少必要的案例剖析和讨论活动，学员始终处于被动接受的状态。长时间的课程学习使员工产生疲劳感，学习的积极性下降。

7. 培训师资力量不强

由于培训教师的背景和经历，安全培训工作的理论和实际不能很好地结合起来。缺乏既具有较高理论水平，又有较丰富现场经验的培训教师。

8. 培训评估不够深入

从培训需求识别、培训计划制定、培训实施、培训效果评估的流程来看，很多企业的安全培训最突出的缺陷就是缺少了整个体系中非常重要的环节——培训效果评估，培训效果评估环节的缺少使得整个流程无法实现闭环管理。现有的培训评估基本局限于对培训课程的内容和讲师的满意度方面，评估不够深入。

## 6.3　安全培训体系设计

安全培训体系包括培训需求分析体系、教学计划策划体系、培训课程体系、培训实施体系、培训管理体系、效果评价体系等模块。

1. 培训需求分析体系

培训需求分析是指在设计培训活动之前，对用人单位和学员的类型、知识、技能等方面进行系统的鉴别与分析，以便有针对性地实施培训策划。培训需求分析方法主要包括：组织分析、工作分析、工作者分析、前瞻性分析等几种方法。组织分析主要包括两个方面的基本内容，一方面，通过对国家和企业安全发展方向和重点进行分析，以便确定培训的重点、内容和方向。另一方面，是通过对企业安全绩效的分析评估来确定企业安全培训的重点。人员分析则是通过对员工安全状况进行评估，找出存在的问题及问题产生的原因，或根据员工的职位变动计划和岗位要求，来确定培训需求和培训重点。培训需求分析体系必须了解岗位信息，岗位的安全工作职责、工作内容、工作流程、所需要的知识技能、换证的人员、绩效考核指标等，这些都是分析岗位安全培训需求的基础。一般安全培训的需求来源，一是工作要求的变化；二是煤矿企业人事的变化，升职、降职、前进后退、新老交替都会产生安全培训需求；三是绩效的变化。

2. 教学计划策划体系

教学计划的基本内容包括：教学目标、课程设置、教学形式、教学环节、时间安排等。教学目标是在员工培训中开展各种教学活动所要达到的标准和要求。课程设置就是根据教学计划的要求，确定教学内容，建立合理的培训课程体系的活动过程。教学形式主要是指在教学过程中所要采用的教学方式，即如何组织培训师与受训者之间的教与学的活动。教学环节是指整个培训教学活动过程中的相关联的环节。它与教学形式、时间安排紧密结合，形成一个有机的相互联系、相互渗透的整体。教学计划中的时间安排，一般包括以下因素：①整个教学活动所采用的时间；②为完成某门课程所需要的时间；③周学时设计；④总学时设计；⑤教学形式、教学环节中涉及的各类课程的讲授、复习、实验、参观、讨论、自习、测验、考查等各环节的时间比例。

3. 培训课程体系

课程内容的选择要与企业生产经营实践活动结合在一起，主动适应企业生产经营发展的趋势，应注意做好以下几个方面的问题：培训课程的效益和回报；培训对象的特点；培训课程的岗位相关性；最新科学技术的发挥。课程模式上，采用"宽基础、重实际、活模块"的集群式模块课程的模式，以提高课程的灵活性和适应性。课程内容的选择主要涉及知识、技能和态度情感三个方面；同时，在课程内容的编排上要注意顺序性和连续性、整合性和关联性。

4. 培训管理体系

培训管理体系包括管理制度建设和实施两个方面。管理制度的建设一般包括：培训制度、培训激励制度、考核评估制度、培训奖惩制度、风险管理制度等。实施的对象主要包括人和物两个因素方面，人的因素主要包括：培训教师、参培学员、教职员工；物的因素主要包括：教学组织管理、后勤保障管理等方面。建立分层培训制度，即针对煤矿纵向不同职层人员制定不同的培训目标和培训计划，包括决策层培训、中间管理层培训、工程技术员层培训、班组管理层培训。所谓分类培训是指根据培训目标体系按专业、分属类进行横向分解，研究确定包括岗前培训、作业规范培训（按岗位性质分类）、专业技术培训（按专业分类）、特殊工种培训、安全知识培训、安全文化培训等培训的内容与周期。煤矿应当建立常规化的安全知识培训和安全文化培训，培训的师资及教材等可以自行组织，形式可以多样化，周期短、频次高。建立基于信息技术的人员培训信息库是煤矿人力资源管理的基础性要求，必须动态掌握所有相关培训工作的活动信息，不得出现与现实不符的滞后、虚假现象。煤矿可结合人员信息库建立人员系统培训经历信息库，动态跟踪记录每一位员工的培训情况，包括接受培训的时间、培训名称、培训内容以及培训成效等记录要素，及时掌握员工培训信息，逐步规范煤矿的培训工作。必须按规定对人员培训系统进行资源投入，原则上结合用工情况从吨煤收入中按规定提取人员培训经费；煤矿必须有专门的、能够容纳一定数量人员的一般常规性培训场所；要为职工免费提供安全学习资料和安全学习安排必要的时间。煤矿可以与高校、职校、技校等教育机构建立定向合作关系，使煤矿职工培训长期化、规范化，保障培训工作的科学有效。培训作为一项煤矿投资，煤矿必须有相应的资源投入管理，编制年度培训投入的预算，对每一项培训工作都必须有过程费用核定，培训的资金投入必须遵循真实性、相关性、可计量性以及配比性原则，确保煤矿培训的投入产出有利于煤矿效益增长。

5. 培训效果评价体系

培训的效果评估一方面是对学习效果的检验，另一方面是对培训工作的总结，然后根据评估结果适当调整培训课程。效果评估的方法分为过程评估和事后评估。培训效果评价体系应包括各分类培训的评价标准、评价方法、评价执行单位、评价流程规定、评价格式文件、评价反馈等关键要素。应加强安全培训的信息反馈沟通工作。

## 6.4　基本课程设置研究

要把提高安全意识和安全操作技能作为职工安全培训的主要内容，不断调整和充实教学内容。把煤矿新技术、新工艺以及典型安全事故充实到培训课程中去，增强职工的岗位技能，提高分析问题和抗灾救灾的能力。如采煤机司机培训内容学时安排见表6-1。

表6-1　采煤机司机培训内容学时安排表

| 项　　目 | 培　训　内　容 | 学时 |
|---|---|---|
| 安全基础知识<br>（18学时） | 安全生产方针与法律法规 | 6 |
| | 采煤机司机的职业特殊性 | 4 |
| | 煤矿主要灾害的防治 | 4 |
| | 自救、互救与创伤急救 | 4 |
| 安全技术理论知识<br>（44学时） | 煤矿地质基础知识 | 4 |
| | 煤矿生产技术知识 | 6 |
| | 机电、运输安全 | 4 |
| | 机械与液压传动基础知识 | 6 |
| | 采煤机的基本组成、作用与工作原理 | 4 |
| | 采煤机的基本结构 | 14 |
| | 采煤机的电气控制系统 | 4 |
| | 采煤机的事故案例与防治措施 | 2 |

表6-1（续）

| 项　目 | 培训内容 | 学时 |
|---|---|---|
| 实际操作技能<br>（28学时） | 采煤机操作规程、《煤矿安全规程》等有关采煤机的规定 | 2 |
| | 采煤机的安装和调试 | 4 |
| | 采煤机的安全操作及注意事项 | 10 |
| | 采煤机的润滑、维护和检修 | 6 |
| | 采煤机常见故障的预防及处理方法 | 4 |
| | 自救器的使用与创伤急救训练 | 2 |
| 合　计 | | 90 |

## 6.5　煤矿安全培训效果评估研究

### 6.5.1　柯克帕特里克培训效果评估模型

国内外运用得最为广泛的培训评估方法仍然是美国学者柯克帕特里克在1959年提出的培训效果评估模型。柯克帕特里克从评估的深度和难度将培训效果分为4个递进的层次——反应层、学习层、行为层、效果层，见表6-2。

表6-2　Kirkpatrick培训四级评估模型

| 评估级别 | 主要内容 | 可以询问的问题 | 衡量方法 |
|---|---|---|---|
| 一级评估：<br>反应层评估 | 观察学员的反应 | 受训者喜欢该培训课程吗？<br>课程对自身有用否？<br>对培训讲师及培训设施等有何意见？<br>课堂反应是否积极主动 | 问卷、评估调查表填写，评估访谈 |
| 二级评估：<br>学习层评估 | 检查学员的学习结果 | 受训者在培训项目中学到了什么？<br>培训前后，受训者知识及技能方面有多大程度的提高 | 评估调查表填写，笔试、绩效考试，案例研究 |

表6-2（续）

| 评估级别 | 主要内容 | 可以询问的问题 | 衡量方法 |
|---|---|---|---|
| 三级评估：行为层评估 | 衡量培训前后的工作表现 | 受训者在学习的基础上有没有改变行为？ 受训者在工作中是否用到培训所学到的知识 | 由上级、同事、客户、下属进行绩效考核、测试、观察和绩效记录 |
| 四级评估：结果层评估 | 衡量公司经营业绩的变化 | 行为的改变对组织的影响是不是积极的？ 组织是否因为培训而经营的更顺心更好 | 考察事故率、生产率、流动率、士气 |

反应层评估：学员对整个培训过程的直观感觉，即学员的满意度，包括对培训计划、培训师资、培训内容、培训方式、培训过程、培训服务等各方面的反应程度。反应层评估的主要方法是问卷调查，也可座谈、面谈、电话调查等。问卷调查的缺点是数据具有主观性，含有受训人员情感成分。因为对老师有好感而给课程全部高分，或者因为对某个因素不满而全盘否定课程。

学习层评估：着眼于对学习效果的度量，即学员在知识、技能上的增长和工作态度上的变化。安全培训组织者可以通过书面考试、实地操作和工作模拟等方法来了解受训人员在安全培训前后，知识以及技能的掌握方面有多大程度的提高。学习层评估强调对学习效果的评价，使培训学员和讲师都有压力搞好培训。

行为层评估：学员参加培训项目后，能够在多大程度上实现行为方面的转变，主要是指工作中的行为表现和工作绩效。由受训人员的主观感觉、上级、同事、下属、客户观察和评价受训人员的行为在安全培训前后是否有差别，他们是否在工作中运用了安全培训中学到的知识和技能。这通常需要借助于一系列的行为评估量表来实现行为层评估。

效果层评估：判断安全培训是否对煤矿企业安全成果具有具体而直接的贡献。这可以通过一些指标来衡量，如"三违"发生率、事故发生率、劳动生产率、职工流动率、煤炭产量和质量、职工态度、安全质量、安全意识、事故的严重程度、销售收入等。通过对这些组织指标的分析，煤矿企业能够从中了解安全培训带来的成效。

## 6.5.2 安全培训质量评估指标体系

根据柯克帕特里克培训效果评估模型，建立了反应层、学习层、行为层、效果层的安全培训质量评估指标体系，见表6-3。

表6-3 安全培训质量评估指标体系

| | | |
|---|---|---|
| 反应层指标 | 培训内容指标 | 培训内容与工作的相关性 |
| | | 培训内容主次的恰当性 |
| | | 培训内容难易程度是否合适 |
| | 教师水平指标 | 培训教师理论水平 |
| | | 培训教师实际操作水平如何 |
| | | 工作态度及其表现 |
| | | 讲课水平及其效率 |
| | | 教师的文化水平 |
| | | 工作经历 |
| | | 培训技巧和教学方式 |
| | | 指导实习实践情况 |
| | | 教学方式的合理性 |
| | 学员因素 | 参与培训的积极性和出勤率 |
| | | 学习态度 |
| | | 考试优秀率 |
| | | 学员满意度 |
| | | 培训结业率 |
| | 教学方法指标 | 教学方法、方式是否新颖，易于学员接受 |

表6-3（续）

| | | |
|---|---|---|
| 反应层指标 | 培训计划 | 培训计划的合理性如何 |
| | | 培训计划的内容是否完备 |
| | | 培训计划是否有贴切的依据 |
| | | 培训目标是否恰当，完成程度 |
| | | 培训计划是否满足需求 |
| | 硬件设施 | 实习实践场所 |
| | | 教学仪器、设备使用、维修管理 |
| | | 有电脑多媒体教学设施 |
| | | 食宿条件 |
| | 培训组织 | 培训组织是否有序 |
| | | 培训信息实行计算机管理 |
| | 教材 | 教材选用是否合适 |
| | | 安全生产录像资料 |
| | 管理制度完善和落实情况 | 教学管理制度 |
| | | 教员管理制度 |
| | | 学员管理制度 |
| | | 培训质量信息反馈制度和监督管理制度 |
| 学习层指标 | 基本知识学习指标 | 对法律法规、规章制度、安全管理等理论知识的学习情况 |
| | 技能知识学习指标 | 对新技术、新工艺、新设备等技能知识的学习情况 |
| | 实践知识学习指标 | 现场实践、试验的学习情况 |
| 行为层指标 | 应用范围指标 | 通过培训，安全知识和技能在实际工作中应用的范围如何 |
| | 应用频率指标 | 通过培训，安全知识和技能在实际工作中应用的频率如何 |
| | 应用效果指标 | 通过培训，安全知识和技能在实际工作中应用的效果如何 |

表 6-3（续）

| 效果层指标 | 事故发生率指标 | 企业的事故发生率和培训以前是否有明显的降低 |
| --- | --- | --- |
| | 科技进步指标 | 通过培训，技术水平、管理水平是否有提高 |
| | 经济效益指标 | 通过培训成本、安全投入、安全产出的比较考核经济效益 |
| | "三违"发生率 | |
| | 劳动生产率 | |
| | 安全质量 | |
| | 安全意识 | |

## 6.6　安全培训教学方法研究

1. 案例教学法

案例选择是实施案例教学法的关键。可以采取教师设计、选择案例、由职工提供所见所闻的事故案例、事故相关人员到课堂讲授案例的方法，选择切入教学内容，贴近本单位的实际情况，能够引起职工思考，引起职工共鸣，提高职工业务能力的案例。特别是让伤残职工或工亡家属"现身说法"：残疾工人坐着轮椅讲自己是如何伤残的，伤残之后如何的痛苦；女儿讲父亲是如何工亡的，工亡之后给家庭带来什么样的悲痛和困难等。

案例的讨论是案例教学的中心环节。在案例讨论中要发扬民主，让员工找出操作不规范、不标准的地方，共同分析事故原因，鼓励不同的观点展开争论，对不正确的观点要积极地引导和纠正，同时要不断激发职工参与教学的主动性和积极性。

案例的升华是案例教学的最终目的。这一过程要求教师通过简短精练的语言进行高度概括和总结，激发职工进一步思考。

## 2. 研讨式教学方法

研讨式教学是"讨论式"教学和"研究性"教学的结合，是充分发挥教师的主导作用和学员的主体地位的一种教学方法。研讨式教学法实现了师生之间的平等、对话和伙伴关系，师生积极地参与教与学的活动，提高培训质量。

## 3. 理论与实习教学一体化

一体化教学是在实验室或实习场所进行教学，使讲授、示范、训练同步进行，使学员在实践中消化理论，掌握操作技能。在实际操作过程中与同学、老师讨论交流，请老师给予提示、指导。在实习过程中，将容易出问题的操作分解成若干步骤进行训练。比如将支架工操作时的"一步三调"，即割一刀拉一步，及时调整架子的高度、架向、初撑力的操作过程，分解为降架、移架、调整平衡顶、补充支撑力4个具体步骤，由管技人员围绕每一个具体步骤现场手把手地教，强化训练和养成。

## 4. 教学手段现代化建设

采用多媒体教学，将文字、声音、图形、图像等相结合，使抽象的问题形象化，从而提高培训质量。虚拟现实技术作为模拟仿真技术的最新、最高层次，为人们探索宏观世界和微观世界中由于种种原因不便于直接观察运动变化规律的事物，提供了极大的便利。一些高危的行业，如航空业、汽车业、军事工业等都已在利用数字仿真技术虚拟各种事故的发生及其过程。例如：航空业的数字模拟飞行，汽车业的虚拟碰撞试验，军事工业的数字模拟战争推演等都是运用数字仿真技术，甚至运用了数字三维游戏的3D数字引擎。目前，美国、英国和德国在煤矿安全培训方面已应用虚拟现实技术，如英国诺丁汉大学的AIMS研究所已经开发了许多与采矿工业安全培训相关的桌面虚拟现实系统。将虚拟现实技术应用于煤矿安全培训，能够使受训人员以安全、良好的视觉和交互的行为方式置身于危险的虚拟境地，模拟展示实际的矿井布置、动态的操作和开采环境以及瓦斯爆炸、矿井火灾等矿井的主要灾害，认识灾害机理和发生、发展及演变过程，训练遇险情况下的应对处置能力，该技术系统的开发对矿山救护指挥员的培训尤其具有重要意义，不仅可提高培训的实效，减少实际环境培训的危险性，而且可大大减少培训费用，节省培训投入。

## 6.7　本章小结

深入地研究了培训体系建设的内涵，包括培训需求分析、培训策划体系、培训课程体系、培训实施体系、培训管理体系、效果评价体系等模块。根据柯克帕特里克培训效果评估层次，即反应层、学习层、行为层、效果层，建立了煤矿安全培训评估模型和安全培训质量评估指标体系，设计了安全培训教学方法和课程设置，并提出了提高安全培训质量的具体措施。

# 7 综采工作面人机环境安全 信息数据库系统设计

综采工作面人机环境安全信息管理系统的主要工作就是对人机环境安全数据进行管理,对安全状况进行评价,从而提高安全管理工作效率。

## 7.1 数据库设计步骤

从数据库应用系统开发的全过程来考虑,将数据库及其应用系统设计分为以下六个阶段:需求分析、概念结构设计、逻辑结构设计、物理结构设计、数据库实施、数据库运行和维护。

1. 需求分析

需求分析阶段的主要任务是获取用户对数据的需求,通过详细的调查研究,充分了解相关领域的业务知识,包括应用系统的应用环境和功能要求、具体业务处理方式等。通常采用组织机构图、业务流程图等方法,详细描述用户应用环境的业务流程、数据需求。

2. 概念结构设计

概念结构设计的目标是综合需求分析阶段的分析结果,进行必要的归纳与抽象,产生出一个能反映组织信息需求的概念结构。目前最实用的概念设计表达工具有实体 – 联系模型、语义数据模型、面向对象数据模型等。概念结构设计的主要工作如下:设计局部 ER 模式、全局 ER 模式、全局 ER 模式的优化。

3. 逻辑结构设计

逻辑结构设计的主要任务就是在数据库概念设计的基础上将概念结构转换为某个具体 DBMS 所支持的数据模型（目前大多数应用系统都选用支持关系模型的 DBMS），并对其进行优化。关系模型一般为二维的数据表格，通常要满足以下几点：

（1）数据表格中的字段所描述的内容有一定的联系。

（2）数据表格中至少要有一个字段的记录是不重复的。

（3）一个数据表格与数据库其他的数据表格中至少一个能够链接。

（4）一个数据表格与数据库其他的同一数据表格不要有多对多的链接。

在划分了合理的数据表格之后，建立数据表格的结构，通常要满足以下几点：

（1）在为字段命名时，应使字段名能够反映字段的内容。

（2）字段的数据类型及数据宽度的选择要合理，既要满足使用要求，又要少占用内存。

（3）在数据表格结构中需要一个主关键字段，其数据就是按主关键字段的顺序存放的，而且利用主关键字段能够高效地与其他数据表格建立链接。

（4）在数据库中，索引也是数据表格常用的，利用索引可以加快访问速度。

（5）表格中每一行称为记录。

规范化理论即范式（NF）。范式是符合某一级别的关系模式的集合，目前关系数据库共有以下六种范式：

（1）第一范式，若关系模式 R 的所有属性都是不可分割的基本项，则 $R \in 1NF$。

（2）第二范式，若关系模式 $R \in 1NF$，并且每个非主属性都完全函数依赖于 R 的码，则 $R \in 2NF$。

（3）第三范式，若关系模式的每一个非主属性既不函数依赖于 R 的候选码，也不传递依赖于 R 的候选码，则 $R \in 3NF$。

合理的规范化可以获得以下的益处：排序和索引创建更快；聚集索引的数目更大；索引更窄、更精简；每个表的索引更少，从而提高数据库紧凑性。

（4）物理结构设计。物理结构设计是对给定的逻辑数据模型选取一个适合应用环境的物理结构，即在逻辑基础设计的基础上，为每个关系模式选择合适的存储结构和存取方法，它依赖于具体的计算机系统。

（5）数据库实施。数据库实施阶段的主要任务是利用DBMS 系统提供的数据定义语言创建数据库表，向数据库中录入数据。

（6）数据库的运行和维护。数据库的运行和维护是对数据库安全性和完整性的控制、数据备份和恢复、性能的分析和改进，以及数据库表的修改和调整。

## 7.2 安全信息管理系统的功能模块设计

在软件功能结构上主要包括：人员安全信息管理、设备安全信息管理、环境安全信息管理、安全事故信息管理、安全培训信息管理、辅助功能管理等功能模块，如图 7 - 1 所示。人员安全信息管理提供综采工作面人员安全行为规范管理、不安全行为管理、人员安全行为评价等功能。设备安全信息管理功能模块主要包括：设备基本信息管理、设备检修管理、设备维修管理、设备报废管理、设备综合查询统计、危险识别和危险评估等部分。环境安全信息管理实现地质环境和作业环境安全信息管理。工伤事故信息管理实现事故的统计、查询管理。安全培训信息管理实现安全培训过程的信息化管理。辅助功能主要涉及分析项目管理；登录界面；信息的添加、修改、保存、查看与打印；配套数据库的形成以及帮助文件。综采工作面人机环境安全信息管理系统辅助功能具体内容：系统登录、系统帮助。系统登录包括用户登录管理、用户密码管理、退出系统。系统帮助包括系统使用指南等。

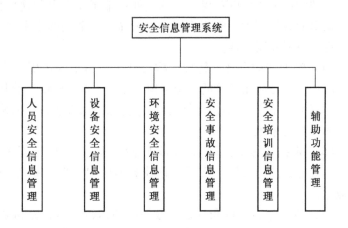

图 7－1 安全信息管理系统功能模块

## 7.3 人员安全信息管理子系统

人员安全信息管理提供综采工作面人员安全行为规范管理、不安全行为管理、人员安全行为评价等功能。

### 7.3.1 综采工作面人员安全行为规范管理

1. 安全行为规范档案管理

安全行为规范档案管理包括：员工浏览、档案维护、档案查询、岗位安全规范查询、行为规范基本报表。

2. 安全行为规范培训管理

安全行为规范培训管理包括：培训课程设置、培训记录管理、培训记录查询、培训课程查询。

3. 安全行为规范考核

安全行为规范考核包括：考评期间设置、考评项目设置、考评等级设置、考评管理、考评查询。

4. 奖惩管理

奖惩管理包括：奖惩设置、奖惩记录管理、奖惩记录查询。

5. 系统设置

系统设置包括：部门设置、类别设置、职位设置、学历设置、技能设置、证照设置、奖惩设置、职称设置。

### 7.3.2　不安全行为管理

不安全行为管理可以对各类不安全行为进行统计、分析，建立不安全行为台账，为有针对性地进行不安全行为管理提供决策支持，包括不安全行为录入、员工预警、不安全行为关联部门确认、不安全行为查询、不安全行为报表。

不安全行为数据库的结构字段包括序号、不安全行为描述、不安全行为类型、原因分析、行为痕迹有痕、行为痕迹无痕、频次高、频次低、风险等级特大、风险等级重大、风险等级中等、风险等级一般、风险等级低、人员类别、岗位名称、专岗情况、与事故关系、事故类型、严重程度、班前检查、班中检查、控制措施。有痕不安全行为的特点是人员发生不安全行为在一定时间内会留下一定的行为痕迹；而无痕不安全行为只有在行为发生的过程中才能发现，而不会留下可追溯的痕迹。对于人员不安全行为风险等级的划分参照安全管理中危险源的风险等级划分，划分为特别重大风险、重大风险、中等风险、一般风险、低风险5个等级。根据不安全行为的出现频率分为高频和低频。根据与事故的关系分为直接和间接关系。根据岗位类别分为管理岗和操作岗。

### 7.3.3　数据库设计

数据库相关结构表见表7-1至表7-4。

表7-1　用户管理数据库表

| 序号 | 名　　称 | 字段名 | 数据类型 | 备　　注 |
|------|---------|--------|----------|----------|
| 1 | 用户单位 | Branch | Char 30 | 允许空白 |
| 2 | 用户名 | Username | Char 30 | 不允许空白，加密 |
| 3 | 用户部门 | Branch | Char 30 | 允许空白 |
| 4 | 密码 | Password | Char 10 | 主键，不允许空白，加密 |
| 5 | 访问权限 | Access limit | Char 5 | 允许空白 |

表7-1（续）

| 序号 | 名　称 | 字段名 | 数据类型 | 备　注 |
|---|---|---|---|---|
| 6 | 建立账号时间 | Open Date | Datetime | 允许空白 |
| 7 | 有效期 | Expiry Date | Datetime | 以月为单位 |

### 表7-2　用户访问记录表

| 序号 | 名　称 | 变量名 | 数据类型 | 备　注 |
|---|---|---|---|---|
| 1 | 用户名 | User | Char 10 | 主键 |
| 2 | 用户部门 | Branch | Char 30 | 允许空白 |
| 3 | 用户 IP 地址 | User IP | Char 20 | 允许空白 |
| 4 | 用户访问的数据库 | DB Name | Binary 1 | 允许空白 |
| 5 | 用户访问时间 | Visit Time | Char 10 | 允许空白 |

### 表7-3　用户操作权限表

| 序号 | 名　称 | 字段名 | 数据类型 | 备　注 |
|---|---|---|---|---|
| 1 | 用户单位 | Branch | Char 30 | 允许空白 |
| 2 | 用户名 | Username | Char 30 | 不允许空白，加密 |
| 3 | 密码 | Password | Char 10 | 主键，不允许空白，加密 |
| 4 | 访问权限 | Access limit | Char 5 | 允许空白 |
| 5 | 建立账号时间 | Open Date | Datetime | 允许空白 |
| 6 | 有效期 | Expiry Date | Datetime | 以月为单位 |

### 表7-4　人员管理表

| 序号 | 名称 | 字段名 | 数据类型 | 长度 | 小数位 | 主键 | 允许空 | 默认值 |
|---|---|---|---|---|---|---|---|---|
| 1 | 编号 | Employee_ID | Nvarchar | 100 | 0 | √ | | |
| 2 | 姓名 | Employee_Name | Nvarchar | 64 | 0 | | | |
| 3 | 性别 | Gender | Small Int | 2 | 0 | | √ | |
| 4 | 出生日期 | Birthday | Small Datetime | 4 | 0 | | √ | |

表7-4（续）

| 序号 | 名称 | 字段名 | 数据类型 | 长度 | 小数位 | 主键 | 允许空 | 默认值 |
|------|------|--------|----------|------|--------|------|--------|--------|
| 5 | 部门编号 | Branch_ID | Int | 4 | 0 | | √ | |
| 6 | 职务 | Func_ID | Int | 4 | 0 | | √ | |
| 7 | 电话 | Tel | Varchar | 50 | 0 | | √ | |
| 8 | 手机 | MobilTel | Varchar | 50 | 0 | | √ | |
| 9 | （0） | JTel | Nvarchar | 100 | 0 | | √ | |
| 10 | 电子邮件 | Email | Varchar | 50 | 0 | | √ | |
| 11 | 0 为有效，1 为无效 | State | Int | 4 | 0 | | √ | |

## 7.4  设备安全信息管理子系统

### 7.4.1  功能模块设计

设备安全信息管理功能模块通过对设备信息的管理，对设备的技术状态、能力、使用情况和维修费用等进行监督和控制以及统计处理，以实现对设备整个生命周期的动态管理，主要包括：设备基本信息管理、设备检修管理、设备维修管理、设备报废管理、设备综合查询统计、危险识别和危险评估等部分。

1. 基本信息管理子模块

基本信息管理子模块包括使用限制、空间限制、时间限制的管理，是进行风险评价的基础信息，也是进行风险评价的第一步，其主要包括添加机械基本信息和修改机械基本信息。

2. 危险识别和危险评估信息管理子模块

危险识别和危险评估信息管理子模块包括机械寿命周期阶段、发生的危险、风险减小的措施、风险评定、对遗留风险的措施，通过该模块可有序地、完整地完成风险评价每一步，也可查看以前的风险评价记录，实现添加、修改、删除、查看、打印危险识别和危险评估信息。

3. 风险评价信息管理模块

风险评价信息管理模块设有可以对风险评价信息（如危险识别、消除和减小风险）进行添加、修改、删除的功能，完成机械中每个危险的评价。设备风险评价报表结构见表7-5。

表7-5 风险评价报表

| 编号 | 阶段 | 危险 | 危险来源 | 可能的结果 | 评价方法 | 初始 | 设计描述 | 风险值 | 防护措施 | 风险值2 | 附加描述 | 遗留 |
|------|------|------|----------|------------|----------|------|----------|--------|----------|---------|----------|------|
|      |      |      |          |            |          |      |          |        |          |         |          |      |

4. 设备维修管理子模块

设备维修管理子模块详细定义了设备的标准维修任务库，包括基本信息、维修周期、维修内容、维修工种、维修备件和维修费用等内容，供制定维修计划和进行维修作业时参考。设备实际维修记录自动归入设备档案，并且相应的任务可以根据需要自动调整，同时存入数据库，作为设备故障诊断的依据和凭证。

5. 统计与查询模块

对数据进行统计分析，生成各类报表。

6. 系统管理模块

系统设有口令保护，具有一定的保密性。

### 7.4.2 数据库设计

设备参数数据库包括设备原始参数、设备维修记录、设备状态采集、设备故障数据；安全检测数据库；根据各功能模块的要求，在数据库中建立了相应的信息表。根据不同的功能模块有若干表结构。由于数据库中的信息表太多，这里不一一列举出来，只列举了部分数据表。设备安全信息管理子系统中的数据见表7-6，设备安全检验报告表见表7-7。

### 表 7-6　设备安全信息管理子系统数据表

| 序号 | 文 件 名 称 | 标示符 | 备　　注 |
|---|---|---|---|
| 1 | 用户信息表 | Use | |
| 2 | 风险评价项目信息表 | Item | |
| 3 | 机械寿命阶段表 | Phase | |
| 4 | 任务分类总表 | Task | |
| 5 | 风险评价机械限制表 | Riskl | |
| 6 | 风险评价表 | Risk2 | |
| 7 | 危险分类表 | Hazardl | |
| 8 | 危险来源表 | Hazard2 | |
| 9 | 危险产生的可能结果表 | Hazsrd3 | |

### 表 7-7　设备安全检验报告表

| 序号 | 项　　目 | 字段名 | 类型长度 | 备　　注 |
|---|---|---|---|---|
| 1 | 设备名称 | Name | Char 30 | 允许空白 |
| 2 | 检验类别 | Test Type | Char 30 | 允许空白 |
| 3 | 设备编号 | Code | Char 50 | 主键, 不允许空白 |
| 4 | 检验日期 | Test Date | Datetime | 允许空白 |
| 5 | 生产厂家 | Manufacturer | Char 50 | 允许空白 |
| 6 | 检验地点 | Test Site | Char 30 | 允许空白 |
| 7 | 出厂日期 | Off Factory Date | Datetime | 允许空白 |
| 8 | 安装日期 | Fixing Date | Datetime | 允许空白 |
| 9 | 设备型号 | Model | Char 50 | 允许空白 |
| 10 | 检验依据 | Test Standards | Char 200 | 允许空白 |
| 11 | 受检单位名称 | Client | Char 30 | 允许空白 |
| 12 | 受检单位地址 | Client Address | Char 30 | 允许空白 |
| 13 | 检验组长 | Main Inspector | Char 12 | 允许空白 |
| 14 | 检验成员 | Inspectors | Char 30 | 允许空白 |
| 15 | 检验结论 | Conclusion | Char 500 | 允许空白 |

表 7 - 7（续）

| 序号 | 项　　目 | 字段名 | 类型长度 | 备　　注 |
|---|---|---|---|---|
| 16 | 备注 | Note | Char 200 | 允许空白 |
| 17 | 批准 | Authority | Char 10 | 允许空白 |
| 18 | 审核 | Adulting Man | Char 10 | 允许空白 |
| 19 | 主检 | Checker | Char 10 | 允许空白 |

## 7.5　环境安全信息管理子系统

环境安全信息管理子系统主要包括地质因素、通风数据、瓦斯数据、防火和防尘管理。

1. 地质因素数据库

录入有关综采工作面断层、褶曲、煤层顶底板、煤层结构、煤的硬度、煤层倾角、瓦斯、工作面水文条件、地温等有关数据。

2. 通风数据管理

1）通风数据基本参数主要包括

（1）测点编号、测点名称、主扇名称、测点标高、所属采区。

（2）风流中 $CH_4$（%）、风流中 CO（%）、风流中 $CO_2$（%）、风流中 $O_2$（%）。

（3）抽放中 $CH_4$（%）、抽放中 CO（%）、抽放中 $CO_2$（%）、抽放中 $O_2$（%）。

（4）抽放流量（$m^3/M$）、测点类型、硐室名称、硐室编号。

（5）工作面名称、工作面产量、生产天数、巷道名称。

（6）巷道编号、巷道断面（$m^2$）、平均风速（m/s）、风流静压（Pa）。

（7）风流干温（℃）、风流湿温（℃）、风井名称、风井编号。

（8）煤层、负责人、测定日期、测定时间。

2）主要功能

通风测定数据库管理可以完成测定参数的添加、删除、修改、查找和打印报表。

3. 瓦斯数据管理

1）瓦斯数据基本参数主要包括

（1）风流中 $CH_4$（%）、风流中 $CO_2$（%）、风量。

（2）抽放中 $CH_4$（%）、抽放中 $CO_2$（%）、流量。

（3）平均瓦斯绝对涌出量（$m^3/min$）、上中下旬三旬中最大一天的涌出量（$m^3/min$）。

（4）月实际工作日数、月产煤量、相对涌出量（$m^3/t$）。

（5）矿井瓦斯等级、总涌出量（$m^3/min$）。

（6）采煤区涌出量（$m^3/min$）、掘进区涌出量（$m^3/min$）、已采区涌出量（$m^3/min$）。

2）主要功能

可完成瓦斯数据的添加、删除、修改、查询和打印报表。

4. 防火管理

矿井火灾是矿井主要灾害之一，一旦发生火灾事故，不但会造成煤炭资源的损失，还往往会引发瓦斯、煤尘爆炸，使灾害程度和范围扩大。本模块从火区管理、灌浆管理两个方面对火灾进行登记管理。

5. 防尘管理

在矿山生产过程中，如钻眼作业、炸药爆破、掘进机及采煤机作业、顶板管理、矿物的装载及运输等各个环节都会产生大量的矿尘。大量的矿尘影响作业安全；容易使工人患尘肺病；在一定条件下可以引起煤尘或瓦斯煤尘爆炸事故；危害矿区周围的生态环境，矿尘的管理与防治也是煤矿安全管理的重要工作之一。本模块主要从粉尘检测、防尘措施、防尘报表等方面对矿尘进行管理。

## 7.6 安全培训子系统

### 7.6.1 安全培训子系统功能

安全培训信息管理通过对安全培训工作的随时跟踪、统计调查，加强工人的安全意识，提高了其学习安全规程的自觉性，从而提高了工人的整体素质。安全培训系统分为 6 个模块：预录入管理、培训机构管理、培训计划下发、培训评估、信息发布、统计查询、系统管理。预录入管理包括培训部门管理、单位管理、人员档案管理；培训机构管理包括培训班管理、外出培训登记、外来培训人员、鉴定表、培训情况修改；培训计划包括培训计划下发、上报和查询等。

1. 人员信息

记录了人员基本个人信息，工作单位信息，人员的培训信息和资质证书信息，可通过身份证读卡器采集人员信息，可利用 Excel 批量导入人员信息，输出 Word、Excel、网页格式的报表信息。

2. 证书管理

对人员的资质证书信息进行管理，可将人员已有的证书信息录入或者批量导入人员资料中，可修改删除人员证书信息。

3. 培训安排

培训机构依据往年的培训信息，制订下一年的培训计划、制定好的计划各下属单位都能及时查看并执行培训计划，上报人员参加培训。通过培训班管理界面对参加培训的学员以班为单位进行管理。内容包括班级基本信息如开班时间、培训工种、培训机构、教室、班主任等，学员信息如学员姓名、单位、成绩等，授课信息如所授科目、时间、教师等，可生成开班审批表、学员花名册、班级课表等报表。培训完成后通过本系统提供的在线考试取得的成绩，将自动回填到人员档案。参加培训的人员就是培训计划中各下级单位上报的人员，系统会自动提取。

4. 考试中心

考试中心包括题库维护、试卷设置和考试安排三部分。题库维护是维护考试所用的试题信息，题库中自带六大工种的试题，用户也可以自行添加试题，支持试题批量导入、批量导出。试卷设置是系统能按用户设置的条件自动在题库中抽取试题生成试卷，供在线考试使用，也可将试卷导出打印供书面考试使用。可生成固定内容的试卷，也可生成模板试卷，即考试时随机在题库抽题，考生在机考的时候所有人的试卷内容都不同，很大程度上防止了考生作弊。考试安排可以实现组织安排学员考试，安排考试试卷的使用，系统的循环考试功能可使学员分批考试，学员通过客户端计算机进行在线考试，系统将自动评分，成绩自动回填到考试管理界面。管理人员通过考试管理模块对学员的考试情况进行监控，对考试结果进行管理，可以随时查看在线考试的考生身份、考试时间、交卷时间、登录机器、得分等情况，对作弊进行处分，可输出成绩、考试试卷以备存档。

5. 查询统计

根据客户的实际需求系统提供强大的查询统计功能：包括人员持证情况、人员复审到期情况、人员培训记录情况、培训计划汇总、工种变更、学员成绩、教师工作量统计等大量丰富的统计查询模块。这些查询统计功能为培训工作开展提供强有力的支持。由于系统是网络版的，整个集团任何一个经授权的客户端都可进行实时查询。

### 7.6.2 安全培训子系统数据库

本系统数据库主要有人员的基本档案、人员培训记录、集团公司下属单位、培训中心、记录外出培训人员、工种、培训计划、培训班、培训课程等数据库表。

## 7.7 安全事故信息管理子系统

安全事故信息管理模块主要包括事故档案登记、事故分析、事故救援三部分组成。通过人工或网络得到事故的原始资料，对事故原始资料进行简单的加工、整理，使其符合数据库的要求，方便存入数据库。对于每一次输入的事故信息自动记录并在数据库中存档，用图表的形式对相关信息进行统计，为事故应急救援提供决策支持。系统提供各种事故发生原因的调查分析资料，事故处理情况资料，为避免同类事故的发生起到积极的借鉴作用。

事故专项预案是指针对不同的事故，比如火灾、水灾、顶板事故所采取的不同的救援方案。事故专项预案基本信息表包含的信息：事故 ID、事故查询 ID、事故判断 ID、事故决策意见 ID、救援措施 ID。事故案例基本信息表包括事故类型、事故名称、事故摘要、矿井概况、事故经过、事故原因、事故教训和防范措施和专家点评。

事故档案部分主要是依据国家 GB 6441 标准，按事故伤害程度分类，提供非伤亡、轻伤、重伤、死亡事故的档案录入、查询、统计。事故案例表的字段项主要包括日期时间、案例名称、矿井名称、发生地点、发生场所、事故类型、直接经济损失、间接经济损失、死亡人数、重伤人数、轻伤人数、事故等级、起因物、直接原因、间接原因、预防措施等。

事故分析主要包括事故名称、事故类别、伤亡情况、发生时间、结案时间、经济损失、事故原因等，并可以进行单项、组合统计查询分析，以表格的形式输出。事故分析的分类方法：

（1）按事故类别分为：运输、机电、爆破、顶板、瓦斯、火灾、水害及其他八类事故。

（2）按事故发生地点分类：主要有地面事故和井下事故。井下事故又可分为采煤工作面、掘进工作面、运输斜巷、井筒、大巷和井底车场、其他（总回风及维修点等）。

（3）按伤亡人员工种分类：可分为采煤工、掘进工、机电工、瓦检、爆破、打钻工、维修工、干部、其他。

（4）按发生事故原因分类：可分为违章指挥、违章作业、安全防护设施不齐全或失效、工程质量差。

（5）按事故发生的时间分类：可分为月份、旬和班次。

事故分析主要是及时掌握各单位发生的人员伤亡事故的简要

情况，加强工伤档案管理，按事故类别定期分析事故原因，便于查询工伤人员的工伤档案等情况。

## 7.8 本章小结

在综采工作面人－机－环境系统安全研究的基础上，建立了综采工作面人－机－环境安全信息管理系统模型框架，在软件功能结构上主要包括：人员安全信息管理、设备安全信息管理、环境安全信息管理、工伤事故信息管理、安全培训信息管理、系统信息管理等功能模块。对各个子系统进行了软件结构分析和数据库设计，实现了部分功能。

# 8 工作总结与展望

综采工作面人－机－环境系统安全性研究是把综采工作面人、机、环境看作一个系统的三大要素，在深入研究三者各自安全性能的基础上，进行系统整体安全优化。

## 8.1 工作总结

### 8.1.1 主要工作及结论

（1）在国家有关的安全要求和煤矿企业已有的安全行为规范的基础上，结合国内外对员工的安全行为规范与不安全行为的研究成果，应用安全行为调查法，对现有行为规范和不安全行为的研究成果进行归纳总结和查漏补缺，开展行为规范化和标准化工作。以员工岗位结合行为的不同频率和危险性的大小，作为预防事故的分类培训依据，并拟定执行过程中的具体措施。以采煤机司机为例，建立了人员安全评价指标体系。

（2）从综采工作面机器设备系统组成及特点出发，分析了综采工作面机器设备系统安全状况和安全事故，对综采工作面机器设备系统的安全装置、安全操作规程、安全检测、安全管理等按照事故频率和危险性的大小进行归纳总结，形成综采工作面机器设备系统安全的指标体系。

（3）全面分析了综采工作面地质环境和作业环境，在综采工作面环境安全事故分析的基础上，研究了综采工作面环境安全的影响要素，建立了环境评价指标体系，提出了改善综采工作面环境的控制措施。

（4）为了降低采煤工作面的粉尘浓度，开发研制出应用于综采放顶煤开采工作面中位于放顶煤液压支架放煤口的引射除尘器。该引射除尘器由引射筒、喷嘴、折流板等部件组成，引射筒为直管，喷嘴为多头螺旋芯结构，喷射出的水流在引射筒内形成负压，在负压的作用下，粉尘吸入引射筒并与水雾充分混合并在引射筒出口处撞击弧形过渡反射板而起到二次降尘的作用。经过大量的实验室试验，优选出适合于现场应用的引射除尘器技术参数。

（5）引射除尘器的多头螺旋芯喷嘴喷射出的水流呈细颗粒的雾状旋转涡流，使吸入的粉尘与水雾充分混合。通过测量喷嘴的射流雾化角，初选出喷嘴的外壳和旋芯的一般搭配。通过使用风速测量系统，综合考虑喷嘴安装位置、风速、液气比等因素，优选出引射除尘器中外壳和旋芯的最佳搭配。通过射流参数系统测量出引射除尘器中关键部件喷嘴在引射筒中的雾化特性，包括雾粒大小、运动方向、速度及其分布状态，进一步优化引射除尘器，提高除尘效率。

（6）液压支架放煤口引射除尘器采用直径 102 mm 的引射吸尘筒，在压力 12 MPa 的情况下，单筒吸入空气量超过 0.21 m³/s。经过对喷射出的水流进行动态的微观测试，该引射除尘器喷射出的水流在距喷嘴 50～500 mm 的引射吸尘筒内，呈雾状，雾粒直径为 20.6～33.5 mm，平均值为 27.0 mm，且均匀性好，溶尘效果好。

（7）在分析我国煤矿安全培训的现状和问题的基础上，结合人–机–环境系统安全性要求，比较深入地研究了培训体系建设的内涵、安全培训评估模型和安全培训质量评估指标体系，设计了安全培训教学方法和课程设置，并提出了提高安全培训质量的具体措施。

（8）在综采工作面人–机–环境系统安全研究的基础上，建立了综采工作面人–机–环境安全信息管理系统模型框架，进行了数据库设计。

## 8.1.2 主要创新性工作

（1）结合各工种岗位职责要求，采用安全行为调查法调查矿山企业员工的安全行为规范与不安全行为，应用主成分分析法对现有行为规范和不安全行为的研究成果进行归纳总结和查漏补缺，完善了煤矿从业人员安全行为规范。以员工岗位结合行为的不同频率和危险性的大小为依据，建立了综采工作面人员安全行为数据库和安全行为评价指标体系。

（2）在综采工作面机器设备安全事故分析的基础上，利用机械安全评价方法，对综采工作面机器设备系统安全隐患进行归纳总结，形成机器设备系统安全评价指标体系。

（3）通过分析综采工作面地质环境和作业环境的安全事故，建立了综采工作面环境不安全状况数据库和环境安全评价指标体系，进一步完善了改善工作面环境的措施。

（4）研制了安装于综放液压支架掩护梁放煤口处的引射除尘器。设计了用于测量引射除尘器宏观参数的风速测试系统，对引射除尘器的引射筒的长度和直径、喷嘴安装位置、折流板的尺寸和形状等进行结构优化。设计了 12 种外壳与 14 种旋芯搭配组合，依据雾化角来优化外壳和旋芯的结构参数。设计了用于测量引射除尘器微观参数的 PDA 系统，通过测量雾粒的速度、运动方向、雾粒大小、密度分布等，进一步优化引射除尘器各个相关参数，从而提高除尘效率。进行了综采工作面现场实验，实验表明引射除尘器对改善工作面环境效果明显。

（5）深入研究培训体系建设的内涵，包括培训需求分析体系、教学计划策划体系、培训课程体系、培训管理体系和效果评价体系等模块。根据柯克帕特里克培训效果评估层次，建立基于反应层、学习层、行为层、效果层的煤矿安全培训评估模型和安全培训质量评估指标体系，设计了安全培训教学方法和课程设置，提出了提高安全培训质量的具体措施。

## 8.2　研究工作展望

人－机－环境系统工程是一门新兴的交叉边缘学科，其研究的范围大至宏观系统的分析、小至微观对象的探讨，其涉及的理论及学科比较多，需要考虑的因素多，且由于作者水平和知识面等的限制，还有许多研究工作需要进一步开展，主要有：

（1）随着矿山开采深度的增加，应进一步深化研究和量化分析环境与人、人与机器、机器与环境的相互影响作用。

（2）应进一步深化研究综采工作面人–机–环境综合评价指标体系，在实践应用中对指标的选取和分级进行调整优化，以期满足实际需要。

（3）安全管理信息系统设计和功能实现上还需进一步完善和提高。

# 参 考 文 献

[1] 赵铁锤．中国煤矿安全监察实务［M］．北京：中国劳动社会保障出版社，2003．

[2] 中华人民共和国国家统计局．中国统计年鉴2010［M］．北京：中国统计出版社，2010．

[3] 龙升照．人－机－环境系统工程研究进展（第一卷）［C］．北京：北京科学技术出版社，1993．

[4] 龙升照．人－机－环境系统工程研究进展（第四卷）［C］．北京：北京科学技术出版社，1999．

[5] 付现伟．矿井人－机－环境系统安全评价［D］．阜新：辽宁工程技术大学，2006：6－7．

[6] 王立刚，袁修干，杨春信．人－机－环境系统设计中人的性能研究［J］．北京航空航天大学学报，1997，23（5）：535～540．

[7] 陈信，袁修干．人－机－环境系统工程总论［M］．北京：北京航空航天大学出版社，1996．

[8] 袁修干．"人－机－环境"系统工程中计算机仿真的应用［J］．航空学报，1995，16（1）：59－63．

[9] 李良明．当今航空工效学研究的一些课题［J］．航空军医，1997，25（3）：183－186．

[10] 王辉，武国城，刘保钢，贺青．航空工效学研究进展［J］．中华航空航天医学杂志，1998，9（3）：180－183．

[11] 刘宝善．握杆操纵技术中手的数据和手指功能［J］．中华航空航天医学杂志，1992，3（4）：206－210．

[12] 武国城，李志红，田广庆等．战斗机飞行员基本认知能力年龄差异及对飞行的影响［J］．中华航空航天医学杂志，1998，9（3）：133－136．

[13] 丁亚平，刘宝善，曹步平．模拟军用直升机座舱仪表板各视区视觉效果的研究［J］．中华航空航天医学杂志，1994，5（2）：108－111．

[14] 李良明，武国城，朱召烈．不同飞行状态飞行员所要求的仪表信息［J］．航空军医，1985，（2）：22－24．

[15] 张智君，朱祖祥，杨仁志．监控操作心理负荷的综合测评模型研究［J］．中国航空学会人机工效专业委员会第二届学术交流会论文集，

苏州，1995：12.

[16] 沈翔，袁修干，温文彪. 人机系统的计算机动态图形模拟 [J]. 航空学报，1995，16（1）：23－27.

[17] 袁修干. 人－机－环境系统工程中计算机的仿真与应用 [J]. 航空学报，1995，16（1）：59－63.

[18] 彭敏俊，王兆祥，杜泽. 船舶核动力装置人机系统设计研究 [J]. 核动力工程，1997，18（3）：284－288.

[19] 陈伟炯. 面向21世纪的海事控制理论探讨——船舶营运安全的基本要素结构 [J]. 中国航海，1999，（1）：32－36.

[20] 张伯敏. 铁路安全中的"人－机－环境"问题 [J]. 上海铁道科技，2002，（4）：17－18.

[21] 朱川曲，王卫军. 综采工作面人－机－环境系统可靠性 [J]. 系统工程理论与实践，1999，（4）：109－114.

[22] 朱川曲. 基于神经网络的综采工作面人－机－环境系统的可靠性研究 [J]. 煤炭学报，2000，25（3）：268－272.

[23] 周前祥，彭世济，张达贤. 工程系统随机模糊可靠性模型及其应用的研究 [J]. 系统工程与电子技术，1998（6）：16－20.

[24] 杜文，景国勋，石琴谱. 井下运输人－机－环境系统安全性分析初探 [J]. 中国安全科学学报，1997，7（3）：3437.

[25] 丁克舫，张洪斌，罗喜文. 井下环境在人－机环境系统中的作用 [J]. 辽宁工程技术大学学报（自然科学版），2000，19（2）：130－132.

[26] 乔石. 人类工程学及其在采矿工业中的应用前景 [J]. 煤炭科学技术，1992，（1）：29－32.

[27] 冯锡文，王少鹏. 采矿安全中的工效学问题探讨 [J]. 煤矿安全，1999，（2）：31－33.

[28] 郭鑫禾，王建学，赵邯英. 光视觉颜色与煤矿安全生产 [J]. 煤矿安全，1995，（10）：39－41.

[29] 杨玉中，吴立云，石琴谱. 煤矿工人人为失误的原因及其控制 [J]. 矿业安全与环保，1999，（5）：1－3.

[30] 邢娟娟. 井下高温作业的矿工生理、生化测定研究 [J]. 中国安全科学学报，2001，11（4）：45－48.

[31] 李学诚. 我国煤矿安全技术水平现状及发展方向 [J]. 煤炭科学技

术，1996，24（4）：4－8．

[32] 刘秀礼．矿山安全复杂大系统智能化咨询与预测的方法、理论与应用研究［D］．北京：北京科技大学，1997．

[33] 马亿刚，沈洪，刘先贵．煤炭企业安全管理系统分析与设计［M］．北京：煤炭工业出版社，1997．

[34] 徐志胜．综采工作面人－机－环境系统可靠性分析及决策支持系统［D］．徐州：中国矿业大学，1994．

[35] 景国勋．井下运输人－机－环境系统安全性分析与研究［D］．昆明：西南交通大学，1998．

[36] 马云东，孙宝铮．矿井大系统可靠性设计理论及应用［J］．系统工程，1994，12（6）：58－65．

[37] 沈裴敏．安全系统工程理论与应用［M］．北京：煤炭工业出版社，2001．

[38] 丁玉兰．人－机－环系统的本质安全化研究——矿井本质型安全系统的构建［D］．同济大学博士后论文，2002．

[39] 赵朝义，丁玉兰．热环境的人－机－环境系统工程评价［J］．人类工效学，2002，8（1）：1－5．

[40] 傅贵，李宣东，李军．事故的共性原因及其行为科学预防策略［J］．安全与环境学报，2005，5（1）：80－83．

[41] 刘克功．煤矿安全行为规范研究与实践［M］．北京：煤炭工业出版社，2007．

[42] 白勤虎，白芳．生产系统的状态与危险源结构［J］．中国安全科学学报，2000，10（5）：71－74．

[43] 黄海芳．煤矿生产中人员不安全行为的控制与管理研究［D］．北京：中国矿业大学（北京），2008．

[44] 陈红，谭慧，祁慧等．煤矿重大事故防控的"行为栅栏"体系设计［J］．经济管理，2006，（15）：66－70．

[45] 曹庆仁．管理者与员工在不安全行为控制认识上的差异研究［J］．中国安全科学学报，2007．17（1）：22－28．

[46] 刘嘉莹，李乐，丁维国．矿工工作倦怠测评［J］．煤矿安全，2007，（2）：54－56．

[47] 张江石．预防事故的行为科学方法研究［D］．中国矿业大学（北京）．2006．

［48］吴志刚．本质安全型煤矿建设理论与实践（徐矿模式）［M］．北京：
　　　煤炭工业出版社，2008．

［49］常文杰．煤矿事故致因分析及约束式自主安全管理模式的研究［D］．
　　　中国矿业大学（北京）．2010．

［50］栗继祖．矿山安全行为控制集成技术研究［D］．太原理工大学，
　　　2010．

［51］杨伦标，高英仪．模糊数学原理及应用［M］．广州：华南理工大学
　　　出版社，1995．

［52］陈敏，姜学鹏，徐志胜．井下采矿作业环境质量模糊综合评判．中
　　　国安全科学学报，2008，18（8）：118－124．

［53］许树柏．层次分析法原理［M］．天津大学出版社，1988．

［54］杨振林，刘金兰．基于层次分析法的特种设备风险评价体系研究
　　　［J］．压力容器，2008，25（9）：28－33．

［55］唐道武．提高煤矿机械安全状况的探讨［J］．煤矿安全，2007，（6）：
　　　75－77．

［56］徐卫红，唐道武．矿山机械安全技术的现状与对策［J］．中国安全科
　　　学学报，2006，16（7）：103－107．

［57］王党志，王志国．矿山机械安全化［J］．现代商贸工业，2007，（8）：
　　　16－17．

［58］郭曙光．机械安全风险评价方法研究［D］．机械科学研究总院，
　　　2008．

［59］付大为，宁燕．机械安全风险评价方法的研究［J］．机电产品开发与
　　　创新，2008，21（3）：1－2．

［60］周军，胡文涛，陈小林．事故树模型在煤矿安全量化管理中的应用
　　　［J］．工矿自动化，2010，（11）：106－109．

［61］煤矿采矿设计手册编写组．煤矿矿井采矿设计手册［M］．北京：煤
　　　炭工业出版社，1984．

［62］赵新汶．倾斜煤层综采工作面设备防倒防滑措施［J］．山东煤炭科
　　　技，2006，（6）：4．

［63］张祝涛．大倾角综采工作面设备防倒防滑措施［J］．煤炭技术，
　　　2004，23（7）：20－21．

［64］张健．大倾角复合顶板综采工作面安全管理［J］．煤炭技术，2007，
　　　26（1）：76－78．

[65] 刘海东，周献忠. 大倾角复合顶板综采工作面安全管理 [J]. 煤炭技术，2008，27 (9)：10 - 12.

[66] 王栋，陈鸿章，王蒙蒙. 综采工作面人 - 机 - 环境系统可靠性分析 [J]. 机械管理开发，2005，8 (4)：45 - 46.

[67] 龙升照，黄瑞生，陈道木等. 人 - 机 - 环境系统工程理论及应用基础 [M]. 北京：科学出版社，2004.

[68] 李平慧. 人 - 机 - 环境系统安全分析 [J]. 甘肃工业大学学报，1990，16 (1)：85 - 89.

[69] 丁克舫，张洪斌，罗喜文. 井下环境在人 - 机 - 环境系统中的作用 [J]. 辽宁工程技术大学学报，2000，2 (19)：130 - 132.

[70] 陈信. 论人 - 机 - 环境系统工程 [M]. 人民军医出版社，1988：70 - 73.

[71] 吴立云，杨育中. 综采工作面人 - 机 - 环境系统安全性分析 [J]. 应用基础与工程科学学报，2008，3 (2)：436 - 440.

[72] 王栋，陈鸿章，王蒙蒙. 综采工作面人 - 机 - 环境系统可靠性分析 [J]. 机械管理开发，2005，(4)：45 - 46.

[73] 贾传鹏. 综采工作面人 - 机 - 环境系统可靠性模糊综合评价 [J]. 中南大学学报，2006，37 (4)：804 - 809.

[74] 刘铁敏，任伟. 我国煤矿安全管理的现状与对策 [J]. 煤矿安全，2000，2 (2)：55 - 57.

[75] 刘玉洲，张林华. 2003 年 1 月—2005 年 6 月煤矿瓦斯死亡事故的统计分析 [J]. 河南理工大学学报，2005，24 (4)：259 - 262.

[76] 孙远平. 采煤工作面顶板安全管理的应用研究 [D]. 山东：山东科技大学，2006：25 - 26.

[77] 王文，桂祥友，王国君. 煤矿井下粉尘污染与防治 [J]. 煤炭技术，2002，21 (1)：43 - 45.

[78] 崔谟慎，孙家骏. 高压水射流技术 [M]. 北京：煤炭工业出版社，1993.

[79] 翟国栋，严升明. 放煤口引射除尘器中喷嘴雾化特性的研究 [J]. 液压与气动，2007，(3)：23 - 26.

[80] 翟国栋. 引射除尘器中喷雾的优化研究 [J]. 煤炭工程，2006，(11)：19 - 21.

[81] 翟国栋，董志峰. 放煤口引射除尘器的设计和优化研究 [J]. 矿业安

全与环保，2007，（2）：41－43.

[82] 翟国栋，董志峰，严升明．引射除尘技术在综放工作面的应用研究 [J]．能源环境保护，2007，（1）：27－30.

[83] 周心权．煤矿主要负责人安全全培训教材 [M]．徐州：中国矿业大学出版社，2004.

[84] 龚声武．我国矿山危险性控制与安全培训体系研究 [D]．中南大学，2010.

[85] 杨胜州，谭志伟，邹霖．浅析企业职工安全培训存在的问题及对策 [J]．广东化工，2009，36（5）：77－79.

[86] 何传新，林敬龙．煤矿安全培训体系的建立 [J]．安全，2009，（10）：61－63.

[87] 王向军．七大体系推动煤矿安全培训 [J]．中国煤炭工业，2008，（7）：31－32.

[88] 王明新．煤矿安全培训效果的评估 [J]．煤矿安全，2006，（3）：66－69.

[89] 高振勇．企业员工培训效果测评探讨 [J]．经济师，2006，（11）：226－229.

[90] 张凭博．基于AHP模糊综合评价法的企业培训效果评估研究 [D]．大连：大连海事大学，2008.

[91] 瞿丹．论柯式模型在培训评估中的应用 [J]．科技信息（学术研究），2008，（6）：135－136.

[92] 萨师煊，王珊．数据库系统概论（第四版）[M]．北京：高等教育出版社，2006.

[93] 陈楠，郁钟铭．综采工作面生产设备管理信息系统 [J]．贵州工业大学学报，1998，27（3）：45－48.

[94] 黄丽芬．煤矿设备安检数据管理系统的研究与开发 [D]．北京：中国矿业大学（北京），2005.

**图书在版编目（CIP）数据**

综采工作面人－机－环境系统安全研究／翟国栋著. －－北京：煤炭工业出版社，2017

ISBN 978－7－5020－5711－4

Ⅰ.①综… Ⅱ.①翟… Ⅲ.①综采工作面—人－机系统—安全评价—研究 Ⅳ.①TD802

中国版本图书馆 CIP 数据核字（2017）第 034898 号

**综采工作面人－机－环境系统安全研究**

| | |
|---|---|
| 著　　者 | 翟国栋 |
| 责任编辑 | 尹忠昌 |
| 编　　辑 | 孟　楠 |
| 责任校对 | 孔青青 |
| 封面设计 | 罗针盘 |

出版发行　煤炭工业出版社（北京市朝阳区芍药居 35 号　100029）
电　　话　010－84657898（总编室）
　　　　　010－64018321（发行部）　010－84657880（读者服务部）
电子信箱　cciph612@126.com
网　　址　www.cciph.com.cn
印　　刷　北京建宏印刷有限公司
经　　销　全国新华书店

开　　本　880mm×1230mm$^1/_{32}$　印张　5$^1/_2$　字数　143 千字
版　　次　2017 年 9 月第 1 版　2017 年 9 月第 1 次印刷
社内编号　8574　　　　　　　　定价　26.00 元